茵儿

扭

的腰

操

1次5分鐘
曲線、瘦身
一次到位

附贈示範DVD

「ㄦ字腰扭扭操」
有沒有效果，
看茵茵的身材即知

選擇適合自己時間和體力的運動很重要！ 徐乃麟

其實來講，每次茵茵來上我的節目都是精力充沛的參與遊戲，看她的舞蹈表演更是目不轉睛！

而且，在錄影的空檔我們閒聊起健身的話題時，茵茵都會給一些很實用的建議：這次她出這本書，我想也是因為這個行業工作時間不固定，作息不正常，並了解如何在有限時間和場地達到運動成效。

事實上並不是每個人都喜歡上健身房運動，所以選擇適合自己的時段來增多或減少運動量很重要！這本書還附贈了教學DVD，讓沒時間去健身房的你、我隨時隨地在家裡就能動起來喔！

找到對的老師，就能夠教你對的方法 吳宗憲

想要擁有一個美好的身材，那肯定不是「茵茵美代誌」就能夠做得到的啦！

每次看到茵茵在節目裡，精采絕倫的演出總是為之感動不已……曼妙的身影更是令人豔羨！但是，誰知盤中飧粒粒皆辛苦！

不過，找到對的老師，就能夠教你對的方法……

就讓茵茵帶領你：簡單的付出，大大的獲得～～～

開卷有益！我現在就去買一本！

相信《茵茵的ㄦ字腰扭扭操》能帶給你好能量

于小惠

茵茵是個美麗的女孩，她的美麗來自她對事物的熱情，永遠像20歲的少女。和她一起工作時，能感覺到所有事情在她身上都是生鮮活跳的……也許就是因為這樣，她才能保持這麼脫俗的美麗自己。

相信《茵茵的ㄦ字腰扭扭操》能帶給你好能量，讓你和茵茵一樣，每天都深愛著自己，充滿活力，快樂的迎向每一天的生活。

我很高興能與大家分享這本書，因為它帶給我滿滿的愛。

這是我的第一本工具書喲！

趙正平

坊間健康瘦身的書籍真的是太多了，茵茵出了這本書我一定支持！

原因有二，第一，我認為認真仔細按照教法去做，就一定可以達到瘦身的效果；第二，對我而言這是一本健康的寫真書，萬萬沒想到茵茵的身材鍛鍊得真是好，看來每個人對這本書的需求都不一樣。

嗯……這可是我的第一本工具書喲！

女孩們！一起來用ㄦ字腰迎接夏日吧！　　修杰楷

放眼演藝圈能有這樣舞蹈底子又擁有如此健康體態的女藝人，真的就屬茵茵第一了！恭喜茵茵完成了這樣一本既實用又好看的健康運動工具書。
女孩們！一起來和茵茵用ㄦ字腰來迎接夏日吧！只要相信自己、相信茵茵就一定可以擁有ㄦ字腰～

我不需要ㄦ字腰，但很推薦起床伸展和睡前收操　　林柏昇 KID

真正開始認識茵茵是在我的外景節目裡，她有一股好強、不服輸的態度，但也有女生害羞嬌柔的一面，這讓我篤定要好好的認識這位女生。沒想到進一步認識她才發現，這位運動型美女很容易相處，什麼話題都能聊，特別是講到她的運動和舞蹈，馬上就變身專業指導老師，我也從中獲得了需要的幫助。
不過，我也必須老實承認，她的熱褲、小可愛造型實在讓人很難專心，但就是她這種大剌剌的個性，讓人很難不欣賞她。這次她的新書
出版，我當然要以好朋友的身份大力推推囉！

運動就應該像這樣具備舞蹈的優雅與自信！ 蔡佳玲

教舞到現在已經接近20年，除了舞蹈，我自己也喜歡從事各種運動。我常常在想，怎樣才是好的運動、好的舞蹈？這麼多年來，接觸到各種不同職場、不同年齡層的人，我發現「好」的定義其實很簡單，就是「會讓你覺得自在、快樂，而且可以持續執行的事物」。很開心看到茵茵將這樣的概念呈現出來，讓舞蹈、運動巧妙自然的融合一起！

我很同意茵茵說的：「運動不應該只是猙獰的辛苦，而是要同時具備舞蹈的優雅與自信！」不要擔心沒有舞蹈細胞，也不要害怕體能狀態不好而不運動，試試看從這本書開始，就這樣自然的動起來，去感受自在地執行，然後觀察身體每天些微的改變。

佳玲老師也準備好要來玩玩看了……你呢？

她的用心是最美的風景 袁艾菲

一個永遠超出你預料之外的芭蕾女孩，這是我對茵茵的第一印象。

還記得以前《大學生了沒》最喜歡看她跳舞，因為她總是會給人奇妙的驚喜。就像是你無法想像剛剛在化妝間搞笑逗趣的開朗陽光少女，在下一秒卻舞得性感撩人，讓人瞬間忘記了呼吸。或是，來我的美妝節目和我滔滔不絕的大聊保養化妝的小撇步時，提到她去到台灣各地拍照，用身體記錄台灣的美，希望大家都能愛護我們生長的這片土地……茵茵無時無刻，在動靜之間都運用著她自信美麗的形影來表現藝術之美。但對我來說，她的用心才是最美的風景。

我相信讀者朋友看完這本書，除了會擁有健康的身體，學到曼妙的舞姿外，也會了解到我說的都是肺腑之言。大家準備好了嗎？一起來體驗茵茵將帶來的美妙驚喜吧！

原來茵茵真的有一套獨門的健康瘦身法　　　　　　　　楊銘威

哇！首先恭喜茵茵出新書。從我認識她以來沒見她胖過，而且每次看到她跟我們一樣大吃大喝，就很好奇她是怎麼保持身材的。看了這本書才發現，原來她是真的有一套獨門的健康瘦身法。想和茵茵一樣擁有完美健康的肢體嗎？誠心推薦本書！而且我可以想像得到，你翻開這本書時的驚喜表情！

現在就跟著茵茵一起扭一扭、動一動，實際執行後，相信你也能靠「腰」展現出你的好身材，用身體記錄自己！

我們一起加油！

靠自己努力得來的成果，超爽的！　　　　　　　　　　夏語心

運動，是我們瘋狂熱愛的事情，也是讓我們變美、變健康的關鍵，這種美麗與健康是做再多醫美也得不到的。堅持下去，你會感受到運動的迷人之處。本書的運動設計，結合了舞蹈的優雅律動，並搭配簡單的口訣及方法，任何人都能輕鬆享受體態變輕盈的感覺！

從大學同學、工作夥伴，到現在一天沒見面都覺得怪的閨蜜，說好就算七老八十了，還是要在公園裡一起運動，要一起「正」到老，要一直永遠wave～下去。

把美麗分享給大家，姊～真的功德無量啊！

感謝茵茵讓運動變得好美，讓人想主動去試　　《姊妹淘》編輯群

第一次與茵茵接觸，是因為看了她在臉書中與好友跳的「骨盆舞影片」，於是希望她能跟《姊妹淘》網友們分享，影音部就敲她做了「骨盆舞的教學」訪問。當時我只覺得這……一定很難，但看到影片後發現，她解說得好清楚、好簡單喔，讓姊妹淘們都覺得自己也能做到，給了我們很大的鼓舞！果然影片短短推出不到兩天，點閱率就破10萬。當下體會到茵茵的魅力，真的是連女生都好喜歡。

某次因為公司活動的關係，請到茵茵擔任客座老師，教女孩們做簡單的運動，那是我們第一次看到她本人，馬上驚嘆她身材未免太好了吧！進到教室裡，她一樣用淺顯易懂的方式說明每個動作，並親自一個個指導我們，跟著運動不一會兒就滿頭大汗，而且肌肉痠痠的，真的有運動到耶！

這回，她出書了，真心感謝她讓運動變得好美，讓人想主動去試；感謝她陪著姊姊妹妹們動起來，一起健康變漂亮。

不必激烈、氣喘吁吁的運動，還能瘦出美人味

會出這本書，是有那麼一點因緣際會的。

2015 年，我開始在自己的粉絲頁貼上睡前助眠運動的短片，分享我自己拍下的簡單示範動作，希望我的粉絲都能有一個美好安睡的夜晚，結果大家的反應超乎我的預期，一堆有關運動、瘦身的問題蜂湧而至，讓我不得不認真花好多的時間來回覆這些問題。

就在貼了助眠運動短片不久，如何出版社看到我在粉絲頁的分享短片而找上我，加上經紀公司也有出書的打算，於是大家一起開會討論，在理念相同、一拍即合下，決定出版這本書。

第一時間我感覺任重道遠，腦袋開始認真地回想自己在學習芭蕾舞的

過程中，是如何一路抓到訣竅的，打算將已經吸收簡化的訊息呈現在書上，提供讀者一個低門檻、容易練習，不但真的會瘦，同時能自然練就舉手投足皆美的瘦身動作和方法。

你需要什麼？我能提供什麼？

在我的臉書粉絲頁，有不少網友會私訊問我關於減肥的事。本著熱忱，我通常立馬傳授私人秘笈，但是，我卻忘了舞蹈系出身的我，所認知的「普通」動作，對一般人來講太難了，並不容易做到。

事實上，不管是瑜伽、跳舞，都是因為動作設計上會拉到日常活動不會運動到的肌肉和筋，長期練下來體態才會瘦而美。但是對一般人來說，完全沒概念就要馬上做到位，並非易事。這是我從與網友的互動中發覺到的，有必要改變想法和作法的地方。在這個念頭下，我特別設計出不用很激烈的運動，只要做些淺層的動作，就能讓一般人輕鬆達到健身、瘦身，同時能愉悅地享受如舞蹈般美妙的「茵茵獨創ㄇ字腰扭扭操」。

此外我也發現到，許多人對於肌肉的認識、運動傷害，以及減肥的方法等看法迴異。透過一一釐清網友的問題，我慢慢地了解大家的需求，以

及什麼是對大家最有用的資訊，並且要怎樣說明大家才聽得懂。例如舞蹈系老師和同學對談間很常用的英文術語，可能大家聽了會不知所云，這些就要設法轉化成淺顯易懂的內容，或容易理解的說法。

我發覺，我還頗能掌握這個訣竅的！

我了解你要什麼，而且我真的能給你些什麼！

從最開始的一股腦地熱情回應，到發現網友跟不上的癥結後，我開始讓自己「慢」下來，一個步驟一個動作地教，讓大家明白何謂正確的動作和如何做到位，長時間下來，網友不斷回饋「真的有效耶！」而且，開始有人瘦了下來、氣色變好，這給了我莫大的鼓勵。

我覺得能健康的瘦下來，關鍵在於每個人的堅持度，每天都不間斷的運動，讓身體有了慣性、持續做，就能見到成效！

我總覺得瘦身這回事，要親自試過後才知道是否適合自己，本書中我將提供我和網友都試過覺得有效的運動給大家，希望為大家製造瘦身的捷徑，讓讀者都能獲得事半功倍的效果，不只是變瘦了，而且因為健康，精神好，氣色佳，同時因為舞蹈的動作運動到平常沒鍛鍊到的

肌肉，讓體態變得優雅、窈窕，自然散發女性美，讓擦肩而過的人都忍不住回頭。

我的想法是，運動不必很激烈、很猙獰、很用力才能達到瘦身的目的，其實可以用很美的姿態、很吸睛的動作來達成。如果健康瘦身可以用美的方式來完成，為什麼要選擇用盡力氣、氣喘吁吁的方法來做到呢？

所以我把將要介紹給大家的瘦身動作結合舞蹈，讓各位在做運動時，旁人會由衷地稱讚：「哇，這個女生怎麼能伸展得這麼好看！」而且就算你只記得書裡的一招，但表現出來的氣質和姿勢，卻是能讓人驚豔並感到舒服的。當然，一定要持續練、繼續運動，光是一招就能讓你練出儿字腰喔！

將心比心實際操練，我抓得住你

坊間的瘦身運動法琳瑯滿目，我注意到很多相關的課程，自己也去上課了解，希望能吸取各種課程的教學經驗，以及動作的設計靈感。

我發現，每一種結合各式舞蹈的課程都有其優缺點，尤其是與芭蕾舞

相關的課程，我總覺得發展的空間
似乎更大。

或許自己是學芭蕾出身，所以知道
芭蕾的優點不只是如此，然而該如
何在健身或瘦身的動作中，讓芭蕾
的功用和美好都能呈現出來？關鍵
就在於正確的基本動作，而這更牽
連著身體每一吋的肌肉。為此我立
下目標，希望在書裡把正確的概念
都說清楚。

我大學主修芭蕾和現代舞。對於芭
蕾，我認為它能帶出優雅和所謂的
氣質、能薰陶人心，但是它卻是所
有的舞蹈中最難練的，因為跳芭蕾
舞時用到的肌肉細節是最多的，從
頭到腳、從內到外、到每一個角度
都必須用雕琢的方式來呈現。

也由於它實在太難了，為了跳芭蕾舞而完全搞懂身體構造，真的讓我花費了一番功夫，也因為這樣，現在再去學其他的舞蹈時，反而更能融會貫通。

從早晨到黑夜，關注你想健康瘦的身體

這一整套的「ㄦ字腰扭扭操」我苦思許久，從目前流行的健身舞蹈中，找出最適合大家的動作再加以改良，例如近幾年風靡美日的Core Rhythms（脊柱核心韻律操），它與我平常運動的概念雷同，都是運用踏步和核心肌群，我再將芭蕾的精髓導入，使之跳起來更美，而且運動起來更舒服。

書中我將一天的運動區分成早晨、白天、晚上和睡前四個時段，依據人體最佳的運動時間規畫一系列暖身、熱舞和收操等動作，將一步一步帶各位領略運動的美妙，並期待各位因持續運動而逐漸達到身體健康、瘦身，以及露出ㄦ字腰的美麗變身目標。

很開心有了這本書，讓我再也不用私訊爆炸地一直回覆相關的問題，同時也有機會讓更多人知道正確的運動觀念和樂趣。感謝公司知道我的優點，主動幫我導向這一區塊，並且達成了目標，也讓我發覺，原

來傳達我的瘦身概念和運動作法給大家會是這麼有趣的事！

更感謝如何出版社在企畫這本書時，提供我國外新的運動概念，讓我能夠發揮並融合在創作裡，帶給讀者新穎、有用的瘦身法。

最後，謝謝我的廣大網友，讓我從藝人茵茵的身份，變成帶領大家健康瘦身的好伙伴，希望各位都能利用本書找到更美好的自己。

啊！忘記提醒大家了啦！！

怎樣來使用本書才好呢？

全書動作分成晨、午、晚、眠四個時間帶。晨起的清醒伸展和午後振作精神的伸展動作，大家只要看書上的示範圖就能領會。而下班後的ㄦ字腰扭扭操和睡前的收操，除了參考書中的示範圖外，搭配 DVD 動態示範一起做，很快就能熟悉 A～G 組及三種收操動作，而且你會發現，一點都不難啊！

當你完全熟悉全書的動作後，建議大家在每天的運動時間，播放自己喜歡的音樂邊做操，不管是拉筋、舒緩肌肉和釋放壓力，效果都更加顯著喔！

此外，開始運動前，有幾個注意事項你非知道不可！

1. 建議在木質地板上執行，或是厚一點的瑜伽墊、巧拼、地毯上都可以。因為有不少踏步的動作，最好穿上運動鞋避免受傷。

2. 服裝的部分，可穿著輕鬆的居家服，或是彈性好，不會太緊身的衣服即可。

3. 務必暖身！建議原地踏步，自然擺動雙手，轉轉脖子，當身體感覺微微發熱時，大概做 5～10 分鐘後，就可以開始鍛鍊ㄦ字腰囉。

PART3 晚

PART4 眠

美

我一向不忌口、什麼都吃，自從學跳舞之後，胃口更好了，還一度成了胖天鵝，甚至因為這樣錯失大好機會。但也因為這次經驗讓我覺醒，要保持好身材，一時一刻都鬆懈不得啊！

我想藉由本書把自己實踐有效的正確瘦身運動介紹給大家，號召各位「一起運動」「一起變瘦」，而且也跟我一樣，看著鏡子裡的自己，就很開心，自信滿滿，不管穿什麼衣服都好看，面對鏡頭時，任何角度都不怕被拍醜了。

現在就一起開始運動吧！

準備 |

瘦身只是過程，
健美才是最終目標

雖然我不曾爆胖到八、九十公斤，卻曾經胖到成為北藝大舞蹈系一夕
成名的肥天鵝，才當上大學新鮮人，外籍老師就搖頭相對，然後立刻
換角——因為他沒想到寄予厚望的芭蕾女孩，才經過一個暑假竟變成
胖甜甜。

我再也不要當，讓王子懷恨的肥天鵝

學芭蕾舞的人當中，我算很晚才開始，國中一年級才正式學習芭蕾。
為什麼會去學舞？這跟我的體重有關。我是那種會讓媽媽為了煮三餐
傷腦筋的小孩。胃口不好、身體也很差，膚色偏黑，臉色卻很蒼白、
嘴唇也乾乾的。媽媽每次餵我吃飯，兩個小時還吃不完一碗飯。其實
我並不挑食，也不忌口，只是不喜歡吃東西，真的讓媽媽煩惱不已，

深嘆這孩子怎麼這麼難養！

一直到我上國中時，剛好有個同年的朋友在學芭蕾舞，她跟我說：「如果介紹朋友去舞蹈教室學跳舞，服裝免費喔！」

比起學音樂，學舞蹈的費用並不高，但是會花很多錢在衣服上。我聽到這個消息後，眼睛為之一亮──「可以穿可愛的蓬蓬裙耶！」但我沒想到的是，媽媽的眼睛也為之一亮──「女兒去跳舞、消耗體力，就會吃得多、睡得好。」所以，可以說為了讓我能吃、能睡，是我學習舞蹈的開端。

當年還沒有雪隧，宜蘭到台北的距離遙遠、城鄉差距大；然而我們頭城居然出現了一間高雅時尚的芭蕾舞教室，真的太讓人驚喜了！如果能成為這間教室的學生，穿上漂亮的蓬蓬裙，像個公主一樣地跳著芭蕾舞……光是想像就讓我雀躍不已。

因為這樣，我開始學習芭蕾舞，也因為跳舞運動的關係，我的身體真的比較好一些。一直到高一，因為眼睛開刀，身體不舒服導致食欲差，就又開始爆瘦，當時身高已經有166公分，體重卻只有37、38公斤。

怎麼可能？！我居然變成一隻胖天鵝

高一是我人生最瘦的時期，當時舞蹈班上每天都要量一次體重，就怕學員們太胖跳不起來。但只有我一個人不用量，老師光看我外表就點頭過關了，大家可想而知，我那時候有多瘦了。

北藝大的舞蹈系是7年一貫制，也就是高中3年加上大學4年。那一年我也報考了北藝大，結果沒有考上。沒考上的原因之一，是因為我過瘦。太瘦讓我失去機會。受挫之後我逼自己一定要作息正常、調整身體，而且運動得更勤，芭蕾舞也跳得更好，連帶地胃口也變好了，所以到了高三時就恢復到應有的健康，體重也增加到49公斤，畢業時居然還增胖了4公斤。

會突然這麼「福態」是有原因的。高三那年，我如願考上北藝大。北藝大是獨立招生，也是最早放榜的學校，300多名考生只錄取10名，我是那一年全國十分之一的幸運兒，夢寐以求的學校都

考上，我還需要認真練舞嗎？！

於是，惰性就來了。在例行的練舞時間找各種藉口偷懶，「老師，我腰痛！」「老師，我那個來！」……因為運動量下降，食量卻沒有減少就開始發胖了，而且還從免秤重VIP，變成舞蹈教室唯一的胖天鵝。

天啊！沒想到我居然有發胖的一天！

生活不正常，胖到皮膚都抗議

記得剛考上北藝大、到學校報到時，老師因為看過我的資料，所以看到我很興奮地說：「哇，來了個這麼厲害的人！」結果經過一個暑假，再到學校上課時，老師看到我發福的身材，居然冷言地問我：

「你怎麼變成這樣了？」

老師的嚴厲和不悅，我看在眼裡。我了解他希望我能用最好的狀態入學，開始好好地練舞，因為舞者最精華的練舞時間，就是高三到大學這段期間，萬萬沒想到我竟然肥著進來了。

這名外國籍的老師對我說：「原本有一個舞蹈角色是要給你的，但是你這樣很不尊重自己的舞者身分，我只好換角了。」

這番話讓我嚇出一身冷汗，當然馬上減肥。

通常光是學校的課程一天大概要跳四到六個小時，甚至是八小時，但是爲了減肥，我連下課都主動做皮拉提斯、繞操場跑，練舞時也比其他同學多繞幾圈，想盡辦法快速瘦身。在這股毅力下，大約20天左右，我就瘦回47公斤。

不過，老實說，大學生活眞的太精采了，豐富到讓我肥胖連連。同學們經常相約上陽明山看夜景，然後夜衝、夜唱，活動一籮筐，尤其在練舞空檔，大家玩得更起勁，常常玩到早上六點才回學校，連上床躺一下的時間都沒有就直接上課。

那段日子，幾乎第一節都有排課，而且是太極課；整夜嗨翻天，一早哪有體力打太極啊？! 所以，我的太極課被當了。不只如此，長期作息不正常，我的身材開始走樣，久久未見的蕁麻疹又大爆發，我這才發現「代誌大條了」！趕緊恢復正常作息、勤加運動才慢慢恢復。

蔬果海鮮當正餐，還有一定要運動

正常的作息和持續運動真的太重要了！

那段日子讓我漸漸地了解自己的身體狀況，知道在什麼時候、什麼情況下，該如何達到瘦身的目標。

以平常的飲食而言，我是對肉沒有太大欲望的人，在家裡就喜歡吃青菜、菇類，光是清炒加調味料就很合我的胃口，有時候會再加個貢丸一起吃。對了，我還喜歡吃海鮮，海鮮是很好的蛋白質補充來源，而且吸收快，油脂也比較少。

我也很喜歡吃水果，每一種都吃，尤其是季節當令的。我的新鮮水果來源就是我媽，買一堆水果餵飽女兒是媽媽愛我的方式。

「女兒啊，在台北有吃飽嗎？媽媽寄水果給你吃！」

每次掛完電話不久，我一定會收到一大箱當季最甜、最好吃的水果，讓我很開心也很溫暖，彷彿媽媽就在身邊。

在運動方面，如果太忙沒時間運動的話，我一定在睡前做個小伸展，因為保持睡前運動有助於培養運動習慣。雖然不會大量地流汗（注意！睡前運動太劇烈，有礙睡眠），而且做的動作大多是幫助睡眠的，但光是這樣對瘦身也有一定的效果。

另外，因為我不忌口，所以運動量必須拉得很高，才能不發胖。如果臨時有重要的工作，需要在四天到一個禮拜之間馬上消除水腫、降一點公斤數的話，我就會選擇不吃晚餐。

對於我這種容易水腫的人來說，不吃晚餐的減重效果極佳。通常我的作法是，晚點起床、晚點吃飯，然後晚上提早入睡，來避開吃晚餐。

話說回來，三餐不定時，甚至不吃，並不是個好方法，我不贊成大家學習我的習慣，反而比較建議大家少量進食、吃大量的蔬果，幫體內做一些環保，去掉宿便後，站在體重機上就能看出成果喔！

要瘦得健康，
還是瘦到賠上未來？

運動會讓人開心，這是因為大腦會產生腦內啡讓人感到過癮、幸福，
所以讓人想繼續動。只要持續的運動，就一定會讓你健康的瘦下來。

市面上一些標榜瘦身的產品，只是讓你的身體加熱、血液循環變快、
保持亢奮狀態的輔助品，若是買到黑心商品，還可能要了你的命，不
可不慎。最好的瘦身方法，還是要從飲食和運動著手。

想瘦卻不運動，怎麼可能會瘦！

芭蕾舞者為了保持身材，各種方法都會嘗試；能不吃就不吃、能運動
就運動，水煮蛋配一點點生菜加優酪乳是最常吃的一餐。大學期間就
常聽同學說：「我怎麼都嗯不出來？」

想也知道，都沒有吃，怎麼嗯得出來？但是很多減肥中的人，連這個簡單的道理都不懂。

在我的粉絲團裡，也經常有人問我：「如何不運動也能瘦？」像這樣的提問，我都會老實回訊：「你這輩子就別再想要瘦了吧。要動才會瘦，既然你不想動，就好好享受人生，好好吃你想吃的東西，因為減肥對你而言真的太辛苦了！」

我想全天下的女孩子，只要打開瘦身的話匣子，每個人都能興奮的嘰嘰喳喳說出幾個親身體驗的方法，但是不運動卻想瘦下來，有可能嗎？會瘦得健康嗎？

我有個同學，她的下半身是屬於超級寬的那種，我覺得很可能是家族遺傳，否則怎麼會上半身很瘦很瘦、下半身卻如此龐大呢？

當然，她的「龐大」比照一般人，只是下半身胖了一點的程度而已。但是，跟舞蹈系的同學相比，她很難不在意

自己胖胖的臀部和大腿，更何況她還兼職當模特兒。

打針減肥？昏昏沉沉真要命

有天這位同學問我，怎麼做才能瘦下去？因為兼職工作讓她很難維持大量跳舞的運動習慣，她很擔心自己變得更胖。

「我還跑去打減肥針……」

「有效嗎？」我很驚訝地問。

「有啊，我一個禮拜就瘦了7公斤耶！」

「那不就比任何的減肥方法都還要有效？！」

「可是你看……」她趁四下無人，給我看她的大腿內側，有四個很大的瘀青。

「我也不知道這些瘀青哪裡來的。」她接著說，她是去看密醫，打了減肥針之後，每天都很恍惚，精神渙散，還會看到重疊的影像。

「這樣你也敢打？你知道裡面加了什麼嗎？」

「不知道。」

我們的談話就這樣不了了之，但後來她看的那位密醫被揭發惡行，原來密醫的減肥針成分很有問題。我這才驚覺問題嚴重，趕緊約她出來問清楚，並且說服她一起健身，用對的方法健康瘦身。在積極運動一個月後，她瘦了4、5公斤，我們都對這個成果很滿意。

每天光吃餅乾，得厭食症而放棄夢想

還有一個令我刻骨銘心的例子。

這位女同學很少跟我們聊天，從開學以來她的表
現就不太好，臉色常發紫，身體狀況不佳。後來我才
知道，原來她是因為競爭壓力大，不想輸給眾人，而努力維持體態，
每天只吃餅乾配開水。

其實她很瘦，瘦到穿兩截式衣服會露出肋骨
那樣。

剛開始我們單純地以為她偏食，只愛吃餅
乾。直到有一天她在宿舍床上口吐白沫、類
似癲癇發作才把大家嚇慌。後來聽她同寢室

的室友說才知，她一年多來都只吃餅乾，而且情況嚴重到得了「厭食症」，不得不休學。

休學對舞蹈系的學生而言，代表著放棄舞蹈。因為在休學養病的期間，同學們已經成長很多，就算再回來學校繼續上課，也會因為久未練習、功夫盡失，即使打掉重練都沒用了。現實就是如此殘酷。

後來，再聽到這位同學消息時，又讓我大吃一驚了。她休學回到南部後，把一年多沒吃的東西都吃回來，幾乎是得了「暴食症」，可想而知，這樣一定會暴肥，離舞蹈的夢想也越來越遠了，真的很可惜。用錯誤激進的減肥法，不僅傷害了自己，也毀了自己的前途。

危險！減肥減到昏倒沒人知

多數人都想快速減肥，一個月連續運動感覺很累，其實，一個月的時間很快，只要每天都運動就有成果，就怕每天都說要減肥，卻不運動，還去嘗試一些暗藏危險的減肥方法，賠了健康不說，還可能丟了命呢。

我有個朋友就因為減肥，差點拜拜了。

這位朋友也是想著不運動而能快速減肥，所以選擇吃減肥藥。有一天就昏倒在公車上了。

根據她的描述，那天公車上沒什麼乘客，但她為了加強減肥效果，所以沒坐下，反而是拉著拉環站著，沒想到一個轉彎就讓她暈眩得整個人跌昏在椅子上，公車上沒人發現她有異狀。

我聽了之後真心覺得十分危險，萬一她昏倒時撞到鐵桿或玻璃受傷流血了卻沒人發現，那後果就不堪設想……

看過身邊不少走捷徑的危險減肥法，加上我自己的體驗，我才慢慢了解其實沒有什麼易胖和易瘦的體質之分，只要持續運動，鍛鍊出肌肉就能有效代謝脂肪。

這個道理在我剛進舞蹈系時並不知道，那時候大家只是把心思放在身材上，「我是因為比較胖，所以沒有得到這個角色嗎？」「我不夠漂亮嗎？」「我身材不夠好嗎？」對芭蕾舞者來說，外貌很重要，所以大家才會用比較激進的方式減肥吧。

不管你是為了什麼原因想減肥，有健康的身體，才能成就你所想的任

何事情。

我從身邊的錯誤減肥法學到：想擁有無限廣闊的未來，想要瘦得美就一定要持續運動，千萬不可走偏路。在本書中，我想要帶給大家的就是正確的、有效的、健康的，而且能讓你自然流露美的瘦身運動法。

啊！
忘記提醒大家
了啊!!

極端控制飲食減肥，要小心厭食和暴食現象

愛美是天性，但是為了瘦身異常控制飲食，矯枉過正時就會出現危害健康，甚至性命的厭食症或暴食症。

什麼是厭食症呢？簡單來說，通常是因為想要變瘦而強制禁食，因過度控制飲食攝取而導致生理機能出現異常，患者體脂數 BMI 約在 17.5 以下，除了恐懼進食外，會出現生理期紊亂、停經、精神萎靡不振、憂鬱等症狀。

暴食症呢？暴食症患者通常不是因為饑餓才進食，而且會躲起來吃東西，一直到吃不下為止。一般來說，患者會伴隨厭食症，兩種現象交替循環。另外還有一種叫貪食症，跟暴食症一樣都會有罪惡感，不同的地方在於，貪食症患者吃完東西後，會有催吐或是吃瀉藥來清腸等行為，暴食症則沒有。

不管是厭食症、暴食症或貪食症，飲食極端失衡都可能為生、心理帶來負面影響，嚴重者可能危及性命，不可不慎啊！

大盛娛樂提供　© 攝影師 六康康

ㄦ字腰扭扭操
是專為你量身設計的

不是每個人都會上健身房運動，而且在家裡也沒有機器可以輔助健身，但要健身、塑身，最好有專業的老師來帶領。

我所推薦給大家的是，根據我的舞蹈專業所設計，適合一般人，能把腰臀部線條給練出來的舞蹈塑身操，也就是本書的主題，鍛鍊到核心肌群的「ㄦ字腰扭扭操」。

為什麼要鍛鍊核心肌群？

這套操的原型是我在粉絲頁貼出的一系列睡前的助眠運動。裡面包含了皮拉提斯和一些核心肌群的運用，而且短片中，也詳細交代這些動作的訣竅和注意事項，例如躺在地上時骨盆要屈折、如何屈折才對等等，因為動作不對，可能導致肩頸受傷。結果反應熱烈，讓我很開

心，深具信心。

根據這個基礎，我加入了更多強健核心肌群的動作，希望學習者都能夠在舒服且姿勢美的狀態下，鍛鍊到核心肌群，從而緊實腹部和臀部，呈現出誘人的「ㄦ字腰」。

那，什麼是「核心」？「核心」又有什麼重要性？

核心肌群的位置大約是在胸部橫隔膜以下到骨盆腔之間，以脊椎為中心所環繞的一群肌肉。先不說核心肌群健壯有什麼用，首先來測驗一下你的核心肌群弱不弱？只要簡單做一個動作就會知道：

屈膝做一個投籃的動作，然後往上跳，請問你是像個重物掉下來，甚至還會「碰」地一聲，還是輕盈的落地呢？回答「重物」的人，請繼續做下一題：你經常不耐久站、容易腰痠背痛嗎？

核心強健了，就能為身體加分

如果兩個答案都是「是」，就代表你的核心十分弱，身體的平衡感差。鍛鍊核心肌群不僅可以改善腰痠，擺脫大「腹」婆的煩惱，還能

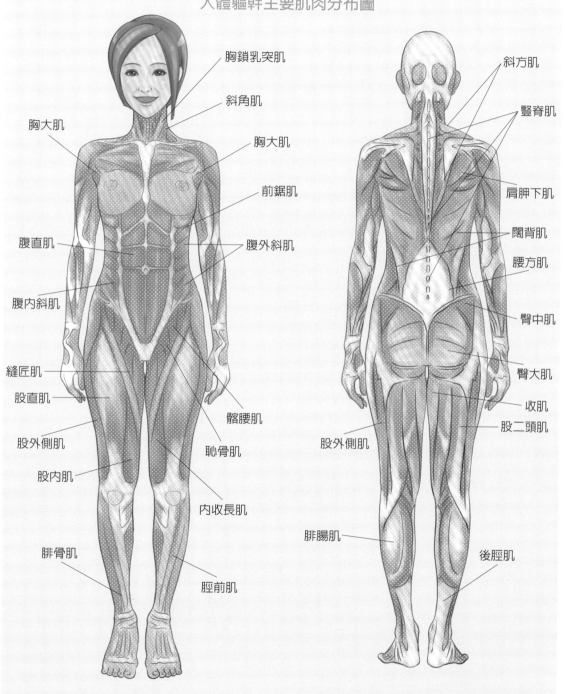

人體軀幹主要肌肉分布圖

胸鎖乳突肌
斜角肌
胸大肌
胸大肌
前鋸肌
腹直肌
腹外斜肌
腹內斜肌
縫匠肌
股直肌
股外側肌
髂腰肌
股內肌
恥骨肌
內收長肌
腓骨肌
脛前肌

斜方肌
豎脊肌
肩胛下肌
闊背肌
腰方肌
臀中肌
臀大肌
收肌
股二頭肌
股外側肌
腓腸肌
後脛肌

讓你新陳代謝變好、不易水腫，如果正確並長期的做核心運動，還可能練出令人羨慕的馬甲線、ㄦ字腰身呢。

核心如果強健了，不管跳任何的舞蹈、做任何的事情都可輔助加分，讓你身心輕盈，例如作家事、運動、搬重物。核心肌群強健會讓你的瞬間爆發力大增，而且力氣會集中到軀幹的核心部位，這也讓我在跳芭蕾時，不只跳得輕鬆，還能移動快、彈跳得更高。

記得有一次我傷到腰了，那時老師叫我要勤練腹肌，我很疑惑，腰痛「為什麼不是強健背肌呢？」

結果老師回答說：「你的肚子要有力，才能撐住你後面的脊椎，但如果是一直去強健背力，反而是練錯了。」

這樣說明，大家應該都能了解，為何鍛鍊核心這麼重要了。只要運動和鍛鍊到對的地方，你的力量就會增大。當然，如果運動到錯誤的地方，就會徒勞無功。

什麼時候做運動最好？

在本書裡我設計了一天四個時段：晨、午、晚、眠的運動法，在做這四種瘦身的動作前，一定要記得先暖身，再開始動作，最後一定要以收操結尾。

每個時期的運動，對於大腦的變化是不一樣的，我們的身體是被大腦所掌控，所以情緒也會影響到整個運動的概念和舒適度。

如果你能提早起床，然後到戶外、公園或半山腰做運動，就算不做很多動作，例如只要小小暖身拉筋一下，就會覺得神清氣爽。但如果你像我一樣，都是睡到出門前半小時才起床，然後迅速化妝、穿衣，匆忙出門……雖然無法早上運動，但還是可以在床上小小做個暖身操。

能在每個時段做運動是最好的，但如果沒時間，只能選擇其一的話，我比較推薦下午的時段，大約是下午三到四點的時候，這段時間運動最好，而且運動完之後，一走出戶外，若是遇到很好的天氣，陽光灑在身上，就好像跟大自然來段光合作用，心情會更開朗。

若是你白天都沒有時間做運動，那就要把握一天的最後時段，晚上趕

快來運動。上班族、家庭主婦每天都十分忙碌，經常下了班回到家裡還要繼續加班，甚至長官還一直傳訊息 LINE 不停叫，而新手媽媽更是一天 24 小時沒閒過……可是，大家千萬不要因此而不運動啊！因為運動後你一定會發現，睡眠品質改善很多！

運動還有個優點，當你投入運動時，腦子裡很自然地會把工作、感情、家庭放一邊，讓你能釋放壓力、忘卻煩惱喔。

啊！
忘記提醒大家
了啦！！

依氣溫調整暖身長度，一整天都是運動好時間

每個人的作息時間不同，做運動的時間當然也會不一樣。但是，不同時間帶做運動，效果會有差別嗎？！

有研究發現，根據人體的生理機制，最適合的運動時間是下午 3 ～ 6 點，因為這時候人體的體溫處在最高點，肌肉溫暖而有彈性，脈搏頻率和血壓也最低。事實上，這項研究所透露的重點，不在於鼓勵大家都在下午 3 ～ 6 點運動，而是說，不管你在任何時間運動，暖身動作絕不可少！適當的暖身，讓肌肉溫暖、有彈性，身體的反應會比較好，可以減少運動傷害。

所以，茵茵建議大家在根據自己的作息時間運動時，一定要注意氣溫來調整暖身動作的時間，比方說，你是晨起型的人，在清晨 5 點氣溫低時，就要延長暖身運動的時間，當身體出現微微冒汗時，才開始運動。

茵茵陪你一起練腰身

這套茵茵的ㄦ字腰扭扭操，是專爲不知道如何健身、塑身，也不會跳舞的人所設計，只要學會這裡教的基礎動作：踏步＋扭腰的舞步，就能夠變化出一系列鍛鍊核心肌群的舞蹈瘦身操，全書晨、午、晚、眠的運動法有示範圖外，還附贈晚間的「ㄦ字腰扭扭操」和「收操」動作影帶示範。

各位只要跟著書中示範一起做，從基礎動作、一招一招的增加，強化核心肌群，讓身體循環、新陳代謝變好，身體健康自然就會瘦下來，而且逐漸地呈現出美腰身。除此之外，我很有信心，只要跟著跳，不只變瘦、變美，你一定會跟我一樣愛上跳舞，充分享受運動的愉悅！

人都是有惰性的，建議找伴一起來健身，會比較有動力，較能持續動下去。我有說到你的心坎裡嗎？找個人來跟你一起運動吧！有個人在旁邊說：「喔，才動了1分鐘你就不行了喔？」會激發你的毅力，讓你更願意堅強地支撐下去。

我把自己的健身方式和觀念都放在這本書裡，希望能因此號召大家一起來健身，除了在家和公司隨時隨地運動外，也能藉由網路群組和現

實的聚會，使大家有「一起運動」的感覺，發揮凝聚力、相互勉勵。

我相信大家在跟著本書一起運動後，一定能跟我一樣，也具備了正確的健身概念，瘦得健康、瘦得好看，而且自信大增。像我，只要瘦個一兩公斤，看著鏡子裡的自己，就感覺幸福、開心，在鏡頭前，完全不用擔心被拍醜了。

你呢？我想，只要持續運動，當瘦下來的那一天，在忙碌之餘小小逛一下街時，你會發現試穿每一件衣服都好看，美好的心情一定會持續為你召喚幸福。

現在就一起開始運動吧！

晨

想要整天都活力滿滿，就看你怎麼迎接清晨！

一早光是大腦醒來還不夠，更重要的是身體也要醒過來，這樣才能帶動一天的活力！老實說，我不是早起的鳥兒，但是為了有好的表現，起床時我會花 10 分鐘在床上做個暖身操，伸伸懶腰、簡單的拉拉筋，特別是脊椎的伸展，因為脊椎醒了，身體的肌肉才會被喚醒。另外，適度的給頭部按摩，也能輔助擺脫睡意，讓全身都甦醒喔。

在一天的開始先暖暖身體，讓自己在舒服的狀態下醒過來，包準你可以精神飽滿、幹勁十足地面對各種挑戰。

暖身｜

溫柔的喚醒休眠的四肢

開始運動前你都會做哪些暖身運動呢？

跑步？拉筋？其實這些都不能稱為暖身，而是「熱」身了！特別是在晨醒時，最好能循序漸進地做一些關節的暖身動作，而不要馬上做拉筋或大扭腰的動作，因為突然的劇烈刺激，反而容易拉傷肌肉呢！

請溫和地對待你的身體

很多人有這樣的疑問：「我又沒有要做激烈的運動，為什麼要暖身？」請試想一下，一條放在冷凍庫已經僵硬的橡皮筋，在取出來後立刻強硬地拉開它，通常不是拉不開、很難拉，就是直接斷了。

我們的身體也一樣，在開始做運動時，身體的肌肉可能是緊繃的，如

果突然間就強硬地拉筋、跑步，身體一定會像橡皮筋一樣受不了，不僅達不到運動的效果，還可能受傷。所以，做對暖身很重要。

不過，你是如何看待「暖身」這回事呢？

大多數人起床後都會做做體操、暖和筋骨，我爸爸就是一個典型的例子。一大早起床就開始做些像是學校的體操動作，左彎彎、右彎彎的，然後來個大旋腰，接下來就是「卡卡卡」地讓骨頭發出清脆的聲音──其實，這並不是個好習慣！

尤其是年長者，因骨質疏鬆會受不了這種「折磨」，而且對於脊椎、軟骨都會造成極大的傷害，關節的軟骨更是一磨完就沒了，可能因此衍生出許多後遺症，所以我很不建議一早起床就做「激烈」的暖身操。此外，要暖身，最好是從關節的熱身開始。

暖身，不是跑步，也不是拉筋

「那，可以跑步暖身嗎？」這也是很多人會問的問題。答案是：在跑步前得先做些動作，才能開始跑。
跑步需要用到關節，起跑前一定要先「暖」關節，至少要在原地做基

本的暖身動作，例如踏步，然後才能開始跑。所以嚴格來說，跑步並不是暖身動作。

那麼拉筋算是暖身運動囉？也不是。

我剛進北藝大舞蹈系時，上課第一件事就是把腳放在吧杆上拉筋。那種痛現在想起來還是怕怕的，尤其是冬天，像是要把骨頭和筋分開那樣硬拉，真的超痛的。這種練舞的慣例已久，老師也不覺得哪裡不對勁。

後來在「人體解剖學」的課堂討論時，發現幾乎每個同學都對一早拉筋苦不堪言，於是我們跟老師溝通、釐清解剖學課上學到的內容，最後老師也認同了在拉筋前應該先暖身的概念。

之後，上課前老師都會帶我們先小碎步

的走圈或是競走暖身，5 分鐘後才要我們開始拉筋。短短 5 分鐘的暖身，肌肉和筋真的軟多了，也不再有痛不欲生的感覺。

暖身能讓你感受到運動的樂趣！

讓身體循序漸進地暖和起來很重要，尤其是冬天，突然的激烈運動容易造成傷害。在此推薦大家我所實踐的暖身動作：先原地踏步，再搭配雙手自然擺盪。當身體有點熱了，就轉轉脖子，然後才開始跑步或是運動。

至於動多久才算暖身？這就因人而異了，而且跟身材胖瘦和運動習慣都有關聯。基本上，當身體開始冒汗，或是已經冒汗了，就算是暖身完成，因為這時候身體已經在調節、暖化中。我的狀況是，大約做 5～10 分鐘的暖身動作就會冒汗，這之後才開始拉筋、正式運動。

暖身真的很重要，它不只可以保護你避免扭傷或是腰痛，還能讓你的身心充分感受到運動的樂趣！暖身讓你不會因為受傷而中斷運動，更容易養成習慣，而且當你體驗到運動是件愉快的事，自然就越往擁有美好體型和健康靠近。所以，切記運動前一定要暖身喔！

核心肌群

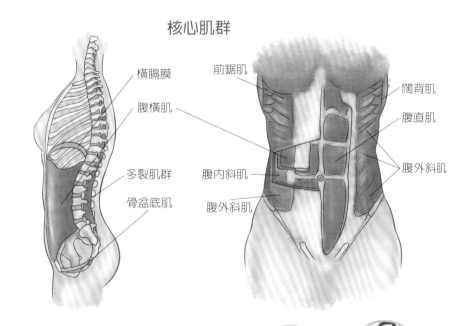

横膈膜
腹横肌
多裂肌群
骨盆底肌

前鋸肌
闊背肌
腹直肌
腹内斜肌
腹外斜肌
腹外斜肌

啊！
忘記提醒大家
了啦！！

什麼是 Core Rhythms ？

瘦身的運動法不斷推陳出新，最近歐美和日本則是吹颳 Core Rhythms 風潮。
從字面上來翻譯，Core Rhythms 就是「脊柱核心韻律操」，實際內容在於
強化位於體幹的核心肌群，並且是結合拉丁舞的有氧韻律操，因為有不少扭
腰的動作，所以也被簡稱為扭腰有氧操、扭腰韻律操或扭腰運動等。

Core Rhythms 最吸引人的地方在於，能在短時間內打造腰、腹、臀線，強
化肌力，但因為強度大，練錯了可能引發腰痛和肌肉痛，因此很多人都堅持
不了多久。所以，為了鼓勵大家持續跳下去，茵茵所設計的運動都不會太劇
烈，是從基本的踏步和擺手中衍生出幾組容易執行的 Core Rhythms 變化形，
也就是 PART3 將為大家示範的「ㄦ字腰扭扭操」，請拭目以待。

動機 |

痛並快樂著，
感恩運動帶來的痠痛

「相愛容易相處難」這句話你聽過吧？把這句話改成「運動容易持續難」也很有道理，不是嗎？

很多人會開心地與人分享自己開始運動的消息，信誓旦旦地跟自己說：「這次一定要瘦下來」，但是隔天全身痠痛，馬上就打退堂鼓了。你是不是也這樣啊？讓運動成為生活的一部分，很難也不難。首先，你要面對自己的內心，不要找藉口、不要太負面，然後在慢慢了解自己要什麼的過程中，運動就已經在你的生活扎根了呢。

正視問題！不要讓全身痠痛打敗你

對於前一天運動帶來的痠痛，你一定要感覺十分欣慰，因為它就是新

的一天最美好的開始。

為什麼這樣說呢？因為，運動後造成肌肉受到破壞的同時，這些肌肉也正在修復，重新組織和代謝脂肪，所以你應該要「痛並快樂著」地說：「哇，太好了，我今天有痠痛耶！」而不是負面的想著：「天啊，我是不是受傷了？是不是這裡壓傷了？我還是停止吧。」

真誠的面對自己，人沒有那麼脆弱。如果你真的受傷了，不會只是腰痠背痛，或是一抬腳就覺得痠疼而已。正因為了解女孩們想偷懶的心思，所以本書要教大家的動作都不會讓身體非
常疼痛，頂多就是會痠痠的而已喔！
（好讓你沒有不運動的藉口。）

當然，如果你很久很久沒有好好
的運動，可能會比較痛一點，
但是並不到那種，很久沒打籃
球卻突然上陣打全場，回
家後痠痛得不得了那樣的
程度。請放寬心，我所設計
的動作，目的都是希望大家

能培養持續運動的習慣，所以不會有那種讓你動一次就斷念的難招和痛苦。

對於很久沒運動的你，我懇請各位開心且歡欣的接受運動痠痛這件事，因為這表示你的身體要改變了，是非常令人興奮的事啊。

再提醒一次，運動前一定要暖身，身體才會像拉開的橡皮筋一樣伸展，這樣運動完成後也比較不會那麼痠痛。

長時間不動，會讓人更不想動

那，痛到什麼樣的程度才是有問題，需要重新思考運動時間並調整方法呢？

對運動量少的人來說，如果連續兩、三個小時跳上本書介紹的動作，一定會全身都感到痠痛，那是因為耐力和肌耐力一直被累積上去，導致疲累堆到了最高點。

如果隔天早上，你採用毛毛蟲起床法（參照66頁）仍然下得了床，就代表你的身體可以承受負荷。這時你應該對自己說：「原來我能負

荷這些運動，表示我很年輕。」然後堅持下去，千萬別被惰性給打敗，輕易就停止運動。

但是，如果隔天早上，你連轉身都感覺很辛苦時，就建議先休息個三天，讓肌肉有時間好好的修護，然後再接再厲，每天都運動一下。萬萬不可一休息就是一個禮拜，讓惰性戰勝了想瘦的意念。

養成每天時間一到就想運動的習慣

一天最好運動多少時間呢？每個人的需求和承受力都不同，建議先從每天30分鐘開始，然後慢慢的增加時間，當你感覺跳個40分鐘很OK，就再調整成50、60分鐘。此外，不要一開始就從最難的練起，也不要挑戰自己的極限，這些都可能成為你不想運動的理由。

讓身體養成慣性，時間一到自然就會想動了。習慣後你會發現身體狀況越來越好，原本做一下子就很累，而且很痠痛，但是持續做了幾天或一週後，你反而會感覺「咦，還好嘛？」一次5分鐘的扭扭操，可能因為身體變輕鬆、心情愉悅，而自然而然的重複跳了兩、三次，甚至忘了時間。

長期下來，你會慢慢的掌握到，適合你自己最適當的運動時間比，並且很清楚的感受到身體健康正在進步中。到了這種程度，已經不是你在利用運動來操控身體，而是你已能自如的操控運動，並從中感到成就與幸福。

晨起 │
正確的賴床，
緩慢的舒展

每天鬧鐘一響、心一驚，就連忙起床，開始忙碌的一天？再有品質的
生活，也會被這種「粗魯」的起床方式給破壞殆盡！

要好好的對待自己，就從早晨開始。而且不需要名貴的保養品或名廚
的料理，而是真誠的面對自己的身體即可。

現在就跟我一起動，一起來做讓全身緩慢甦醒的起床伸展吧！

一早這樣醒來，更容易清醒喔！

這裡為大家介紹改良的伸懶腰方法，可以躺在床上，從頭到腳伸展全
身，不只身體細胞甦醒了，頭腦也會因此而清醒。

溫柔的喚醒全身細胞

你是不是每天早晨都賴在床上爬不起來，或被鬧鈴嚇得匆忙跳下床？！今天開始改變一下起床的方法，讓身體溫柔、暖暖的醒來，你會發現真的很不一樣喔！

喚醒 四肢	動作效果
	溫柔地喚醒四肢，讓全身細胞都準備好迎接生活挑戰。

分解動作

1 平躺在床上，雙手雙腳放輕鬆。

2 雙手張開，慢慢往上滑到頭頂位置。

point
腳尖要併合

3

4

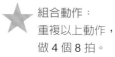

tips
邊做動作邊數拍子，可以讓你在吸氣和吐氣時，因為有節拍輔助，而知道何時該吸氣和吐氣到頂點。

3 雙手在頭頂交疊，注意腳尖要併合。慢慢的雙手開始往上伸、腳尖往下點，像是伸懶腰般拉動身體，默數 8 拍，然後一邊吸氣深呼吸，像是要把肚子吸到最扁的狀態。最後再放鬆吐氣，注意這時手腳還是要維持姿勢。

4 在停止動作後默數 4 拍，慢慢把手放下、腳也放鬆。

★ 組合動作：
重複以上動作，做 4 個 8 拍。

現在起，每天都學毛毛蟲起床吧！

天亮了，能讓你身心感受到一天之初的能量，就是起床這個動作！

不少人對於起床這件事，都帶著不情願的情緒，然後急忙的梳洗準備出門，這真的不是一個美好的開端。想要一早就精神飽滿，除了要有好的睡眠之外，正確的起床也很重要！這裡我要推薦一個讓全身甦醒的簡單動作，就是模仿毛毛蟲！

真的沒空做早晨床上暖身運動的人，一定要學會，而且每天都要做這個毛毛蟲起床法喔。

毛毛蟲 起床	動作效果 藉由正確的起床姿勢，讓全身輕柔地舒展。

分解動作

1 習慣正面仰睡的人，醒來後，請慢慢地往左邊或右邊側躺，然後開始蜷曲身體。至於本來就習慣側睡的人，只要順勢蜷曲身體就好。

2 側轉時，注意身體不要懸空，手也不要舉起來，讓手臂盡量靠著身體。

point
注意頭部不要懸空，要盡量貼於床面（或地面）。

tips
起身時要用脊椎慢慢地帶動身體，而不是猛然的爬起來。

3 身體蜷曲後，輕輕的扭動一下脊椎。

4 慢慢地將身體轉換成趴著的動作。

5 然後由背部開始，從脊椎一節一節的把自己挺起來。這時候頭部要放鬆，等身體都快挺直了，再把頭抬起來。

一日之計在暖身！美好的開始要這樣做

還不想離開舒服溫暖的床嗎？這表示你真的需要一個可以讓身體完全醒過來的暖身運動！快點從床上坐起來，跟我一起練這個專為你設計的，把身體當圓規，360 度伸展能讓身心完全醒來的甦醒操！

圓規 律動	動作效果 輕柔而不劇烈的伸展頭部、肩膀、手和腑臟，通知身體要開工了。

分解動作

1 先在床上或地板上盤腿坐好。

2 將雙手往兩旁擺，然後劃個半圓到前面。

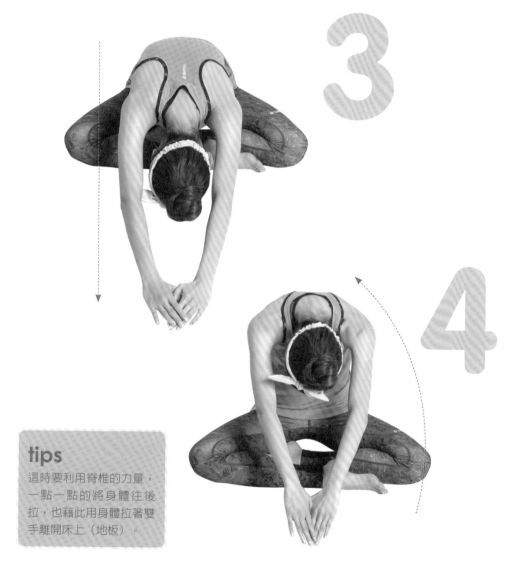

3

4

tips

這時要利用脊椎的力量，一點一點的將身體往後拉，也藉此用身體拉著雙手離開床上（地板）。

3 吸一口氣，身體同時慢慢往前趴。當雙手觸摸到床上（地板）時，停歇幾秒。

4 身體慢慢往後縮、雙手同時離開床上（地板），身體慢慢挺直。

5 將身體挺直、雙手高舉、手心交疊。

6 身體開始往右邊側彎。

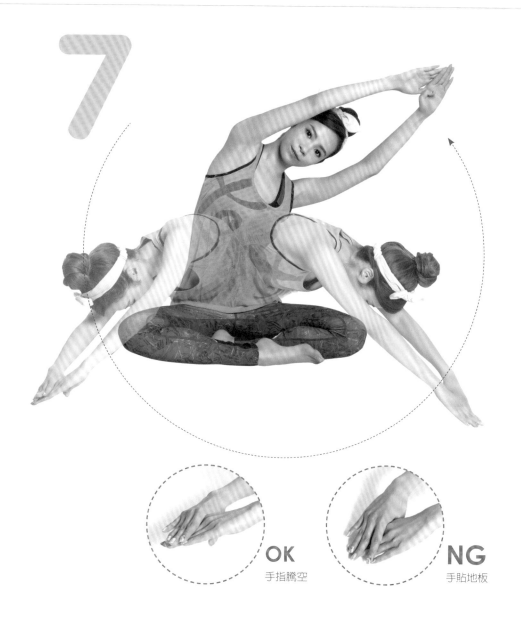

OK
手指騰空

NG
手貼地板

7 往下劃一個大圓圈到左邊，直到雙手
回到原位、在頭頂高舉。

 組合動作：
重複動作②至⑥步驟，換邊再做一
次。

刷牙、洗臉時，
也抓緊時間運動嗎？

不少減肥書上會教人利用日常生中的間隙時間做運動，像是上班時間利用影印東西時、通勤時提前兩站下車走路等。我自己還真的試過邊刷牙邊運動呢！但是，結果失敗了。因為太專注於踏步、抬腿，就忘記要好好的刷牙。我也試過改用電動牙刷刷牙，但居然刷到流血了。一心真的無法二用啊！所以請各位刷牙時，還是認真刷牙就好。

不過，有一點要提醒大家，不要小看漱口、吐水的前傾姿勢。

每天一早起來，身體還沒舒展開來，就讓緊繃狀態下的身體往前傾的話，核心肌力很弱的人，容易因這種突然前傾的姿勢而傷到脊椎。所以為了避免受傷，漱口、吐水時，最好是腳步先呈半蹲姿勢，身體再往前吐水，才不會強力的拉扯脊椎。

眼昏、不清醒，簡單指壓按摩頭部吧！

早上起床時，可以按摩耳朵後面的穴位幫助清醒，尤其是前晚工作或運動造成身體痠痛和僵硬，在按摩過後，會使你更有精神。

先將雙手的大拇指放在耳側，其他四指順著耳朵繞圈（也可以採取指頭壓按的方式），大約做8～10次後，開始順勢按摩下巴及臉部的淋巴，最後停在太陽穴上，確實而溫柔的按摩，會讓眼睛和大腦都清醒過來。

接著將五隻手指頭略微彎曲及張開，變成一個扒子的模樣，手指由太陽穴滑刷到頭部正中央的後方，多做幾次，會讓你有第二次醒來的感受喔。

最後，將雙手手指放在頭髮中分線的地方，開始往耳朵的方向按摩，然後到耳際時手指收縮，順手把頭髮抓起來，重複多次後，相信你的大腦就會完全醒過來了。

這個按摩指壓的動作，可以在做完毛毛蟲起床和床上暖身後進行。如果住在空氣好的郊區或鄉下，做完頭部甦醒動作，可以開窗深呼吸一

下，吸足新鮮的氧氣，不只四肢和大腦，連內臟細胞都清醒了。

腳底冷且不舒服時，學毛毛蟲蠕動行走吧！

冬天或下肢感覺冰冷不舒服時，可以做這個小動作來舒緩不適，而且很快就能使腳暖和起來喔。

首先，起身站好，踮起腳底，用腳掌支撐做幾次上下的動作，然後讓腳趾變成毛毛蟲狀，開始蠕動！方法很簡單，只要把腳趾往內縮、往外放，同時一點一點的前進，就像毛毛蟲蠕動般就可以了。

走沒幾步，你就會發現，連上半身也開始暖和起來。這是因為用腳趾蠕動行走，沒有想像中簡單，需要運用到關節及全身的力量，所以才能在短時間內讓你「熱量」爆發。

另外，要注意的是，在做這個動作時，平衡感不好的人，可以稍微扶著牆來練毛毛蟲前進，等到身體平穩了，再放手做。安全最重要！

午

不管是上班族,還是辛苦的主婦,忙了一整天自然會有想要喘口氣,休息一下的時候。但是,休息可不是就懶坐在沙發上或躺平,要知道打造美麗曲線,這可是犯大忌啊!

建議大家最好固定在下午 3 點到 3 點半之間,需要提振精神時,做個 10 到 20 分鐘的伸展,除了能舒緩因工作或家務引發的肩頸、四肢痠痛,也讓你在午後能繼續容光煥發,不會昏沉沉的堆積乳酸。

這邊要教大家的是,在辦公室也能做,鍛鍊核心肌群,雕塑美身儿字腰的簡易操,現在就跟著我一起來挖掘你藏在小腹許久的儿字腰吧!

三招撇步，
動一動就記住

有人反映說：「很想瘦，也想認真的學會動作。但是，這麼多的動作組合，就是記不住，怎麼辦？」

在此教大家三招撇步：記口訣、便利貼及錄音。這三招能輔助你達成目的，而且還可以混搭利用，你也能只取自己最熟悉、最 OK 的方式來加強記憶。

有動就有救！光是一招重複做，也能瘦

想培養持續運動的習慣，首先要喜歡上運動才容易做到。我就是個很好的例子。我比一般學舞的人要晚入門，但因為我很喜歡，也很努力的練習，很快的就彌補了晚起步的缺憾。喜歡、愛上是一個非常有利

的動機！所以，在正式進入「ㄣ字腰扭扭操」之前，希望大家能放開記不住動作變化的煩惱，快樂的跟我一起動，就算只做一個你喜歡而且適應的動作都好。只要開始運動，不論做什麼動作，都能達到燃脂和瘦身的效果。

真的！只要記住一個最簡單或者想要加強的部位，比方腰部的動作，每天就只做這個動作，然後不斷不斷的重複做就可以了。

你可以5分鐘為一個間隔，之後慢慢延長；或者也可以彈性的2分鐘、2分鐘地做，例如回到家晚餐後的兩小時先做2分鐘，洗完澡再做2分鐘，務必每天持續做，千萬不可放棄。有運動，就會有效果，放棄了，就什麼都沒了。

至於，怎麼記住動作？建立屬於自己的口訣很重要，你可以從我示範的圖片或影帶來抓住動作重點。

記口訣和貼MEMO都能增加記憶

我的「ㄣ字腰扭扭操」，是以近來歐美和日本非常流行的「Core Rhythms」為基礎，配上我親身實做有效果，能強化腹、臀、手臂、

背部肌肉的伸展動作，為了讓大家容易記住動作，除了基本的踏步和擺手舞蹈動作外，變化舞步還會加上「提水桶」「挖冰淇淋」「肚臍找脊椎」等口訣，跟著示範圖一起做，把每一個動作做確實、每一吋肌肉伸展到極點，感覺有一點點痠，就表示你做到位囉！

如果運用書中的口訣，你還是記不住的話，就用你自己的方式來記憶吧！像是「右扭扭、左扭扭」「右一下、左一下」等等，自己消化過再輸出的記憶法，可以輔助你記住動作，讓你感覺這些動作其實也沒那麼難。

運動可以刺激大腦的認知功能

大家小時候是不是常被爸媽和老師催促多多念書呢？甚至，有些父母還不喜歡自己的孩子跟愛玩、活動力強、體育明顯很好的同學玩在一起，就是怕孩子也不愛念書，未來前途堪慮。在國內，這種印象根深柢固，使得運動員一直沒有得到適當的評價。

事實上，有研究統計，每天固定運動的孩子，考試成績還比較好。這主要是因為運動促進大腦血液循環，使主掌記憶和學習的海馬迴得到充足的營養，而能有效發揮功能，除了幫助記憶外，學習也更有效率。

不只如此，運動刺激大腦認知能力的研究，近來也被用在推廣預防失智症上。鼓勵缺乏運動的族群，特別是老年人，每天都要做點適當的運動，尤其是有氧運動，可以增進老年人的大腦認知功能，以預防退化、失智。

運動不只讓人健康、心情好，甚至還能提升學習效果耶，好處多多。

另外，建議你多利用便利貼。在你做運動的場所牆上或辦公桌，貼上你的運動計畫和注意事項，例如：

星期 每次動作 至少 5 分鐘	晨 AM7:00~7:30	午 PM3:00~3:30	晚 PM8:30~9:00	眠 PM10:00~10:30
一	毛毛蟲起床	舒展上肢	A+A1+A2	貼牆舒緩筋肉 + 毛毛蟲脊椎伸展
二	喚醒四肢 + 毛毛蟲起床	舒展上肢 + 旋扭下肢	A+B+C	毛毛蟲脊椎伸展
三	喚醒四肢 + 圓規律動	舒展上肢 + 雨刷扭腰	A+B+C+D	貼牆舒緩筋肉 + 卍字腿釋壓按摩
四	毛毛蟲起床 + 圓規律動	舒展上肢 + 旋扭下肢	A+E	貼牆舒緩筋肉 + 毛毛蟲脊椎伸展
五	毛毛蟲起床 + 圓規律動	舒展上肢 + 雨刷扭腰	A+F	卍字腿釋壓按摩
六	喚醒四肢 + 毛毛蟲起床 + 圓規律動	舒展上肢 + 雨刷扭腰	A+A1+A2+G	毛毛蟲脊椎伸展 + 卍字腿釋壓按摩
日	喚醒四肢 + 毛毛蟲起床 + 圓規律動	旋扭下肢	A+A1+A2 +E+G	貼牆舒緩筋肉 + 卍字腿釋壓按摩

＊每一招動作示範請參考各單元

3:30會議後
撐桌子做
「雨刷扭腰」♥

做ㄇ字腰扭扭操
「D組動作」時
手臂要伸展到
最遠～最極限

做上肢的動作
一定要保持
挺胸

在外面跑一整天
晚上一定要做
「卍字腿釋壓操」

昨天第一次嘗試G組動作
其實不難嘛呵
越跳越促咪
星期天來跳個盡興吧！

把固定運動的時間、需加強的部位、變化動作的要訣等，寫在便利貼上提醒自己，或是用畫圖的方式把動作方向或動作提示畫在便利貼上，都是很棒的輔助記憶法喔！

啊！
忘記提醒大家
了啦！！

錄音和筆記也是輔助記憶的好方法

我自己又是如何來記動作的呢？

我在練舞時，會用身體的慣性去記憶動作，一邊跳一邊讓身體和腦子記住動作，有時也會利用錄音來強化記憶或是刺激靈感。

例如，我在寫這本書時，腦子不時會跑出一些舞蹈的動作和步驟，怕忘記，我都會立刻拿出手機錄音：「手部上旋轉加上扭腰……」若是手邊有筆和紙，就趕緊提筆記錄這些想法，編舞時再拿出來參考。由於在靈感萌生的當下已先有大概的雛形了，只要把這些想法串聯起來，實際練習一遍，很快就能編出動作來，這要比光是坐在書桌前絞盡腦汁發想還管用呢！

戒懶 |

告別怠惰，
久坐也不會胖

「久坐不會胖，懶惰才會」，你是否認同這句話？

這個單元裡正是要幫大家戒掉懶惰！逛街購物時，高漲的情緒的確會
消耗一些些熱量，而且會走很多路，走到腿痠腳麻。但是，這不叫運
動，請不要再拿「逛街走路」作為不運動的藉口了。

除了觀念的導正外，為了盡早培養運動習慣，我特別設計了在辦公室
也能做，提振精神的午後扭扭操，把你隱藏在腹肉裡的腰身扭出來，
實現每年重複許下的願望：瘦下來，並且變漂亮！

勞動或逛街，並不代表你運動了

勞動就是運動，你是否也這樣誤解了呢？

簡單來說，運動是有目的性的，為了維持或改善身體的一項或多項功能，而持續的、反覆的從事身體的活動，來促進心肺機能、消耗熱量、刺激肌肉生長，以及體液循環、代謝等機能，包括慢跑、騎腳踏車、打球、重力訓練、游泳、快走等都算是運動。

勞動則泛指所有身體的活動，雖然也會消耗熱量，但不像運動那樣有計畫性，並不針對促進生理機能而動，適量的活動身體，的確能維護健康，卻不能刺激肌肉生長，包括做家事、勞力工作、爬樓梯、園藝、逛街等。

我身邊就有不少女生把勞動當作是已經運動了，我媽媽就是一個好例子，她經常說：「我今天好累喔，又去開會又去買菜，走了很多路，我覺得今天已經運動夠了。」

聽到這樣的說詞，就算對象是我媽我也會直接吐槽：「你這是疲累，不是運動了……」

為了大家好，我十分建議各位每天訂出一段專屬自己的時間。你可以利用這段時間靜思、放空，最好是拿來運動。特別是你很想瘦下來、變美麗，就一定不能不運動。

這個專屬的運動時間不用很長，最少一次5分鐘，但是我誠懇的建議各位，盡量做15～30分鐘，每天持續30分鐘，長久下來一定能看到成果。

請跟「懶惰」絕交！

久坐不會胖，但是會變形！

聽說，坐久屁股會變大！真的嗎？科學一點來說，應該是維持同一姿勢太久，很容易就會形成那個形狀。由於坐著很舒服，不免讓人想要一直坐著，非不得已不想站起來，久而久之，加上姿勢歪斜，體形就出問題了。

但是，讓人變胖的關鍵還是「懶惰」，不要以為早上追公車跑了一段路、下班提前一站下車走路回家，就已經有動來動去，「運動」夠了。這一點點的活動消耗，在你回到家馬上躺在沙發上的那一刻就一

筆勾銷了，已經稱不上「運動了」，加上變身懶惰的沙發馬鈴薯，不想胖都難啊！

久坐不只會胖，還可能因為固定姿勢導致腰痠背痛。本單元的動作特別針對需要久坐的上班族所設計，每一個招式的目的，都是在提醒你時時動一動，戒掉懶惰、養成動的習慣，對於維持身材有很大的幫助。此外，這些動作都結合舞蹈，持續跳個三天後，你會發現，暗藏在腹肉裡的腰線居然慢慢露出來了。一個禮拜以後，看著鏡子裡的自己，你一定感覺得到穿衣服變得更好看，人也顯得更有自信喔。

愛自己，就請為自己的身材盡一分心力，每天找個時間運動一下，或者分割成小時段、逐次運動。現在起就讓「胖」遠離你，感「瘦」一下新的自我魅力吧。

沙發馬鈴薯們要小心脊椎病變

應該沒有人不知道couch potato「沙發馬鈴薯」吧!

這個詞源自美國,是形容長時間坐在沙發上看電視,就像是馬鈴薯在土壤裡扎根一樣。如果你也有這種習慣要小心了。

根據研究,長時間,嗯,具體一點來說是,長期超過5小時以上坐著不動,罹患慢性病的風險非常高,而且坐姿不正確的話,還可能造成腰痠背痛以及脊椎病變。特別是半躺半坐的人。

通常我們回到家坐在沙發上,很容易就會因為太舒服了,而慢慢地變成半躺半坐的姿勢,這種姿勢會令腰部懸空,造成肌肉緊張,頸椎和腰椎都會承受極大壓力,時間一久就開始痠痛,長期下來更可能導致脊椎受傷,一定要注意啊!

下午三點，
扭扭腰，舒展四肢

上班打鍵盤、偷偷滑手機，手是不是感覺很痠很累呢？這個單元要教大家簡單卻很有效的手部動作。坐在辦公桌前，只要雙手可以伸展的空間就可以開始運動囉。

手臂主要的肌肉圖

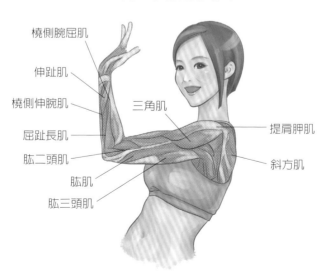

橈側腕屈肌

伸趾肌

橈側伸腕肌

屈趾長肌

肱二頭肌

肱肌

肱三頭肌

三角肌

提肩胛肌

斜方肌

坐在椅子上，伸伸手，動動肩膀

各位早上有沒有確實做了毛毛蟲起床法呢？晨間伸展操可以幫助身體清醒，下午三點的伸展動作，也有助於紓解身體僵硬和痠痛等不適，更可以讓已經有點萎靡的精神，為之煥然一新喔！

舒展上肢	動作效果
	伸展手臂到手掌的部位，不僅能放鬆緊繃的肩膀和僵硬的頸部，也有結實手臂的效果喔！

分解動作

1 雙手平伸，手掌豎起、掌心往外推。

2 雙手伸直慢慢往上舉，然後讓左、右手的中指相觸。

3 接下來，雙手在頭頂交叉。雙手
自然下滑到頸椎。

4 雙手摸到頸椎後，就輕輕
放下。

NG
頭要維持正面，
不可以低頭喔！

5 重複①的動作雙手
平伸，然後把手放
在肩上。

6 雙肘高舉，並且要盡量靠近。
動作口訣是，讓左手肘去找右
手肘。

7 最後，雙手放鬆，
回歸原位。

point
一邊把雙手放下，
一邊吐氣。

8 重複⑤至⑥的動作，但這時候，要變成雙肘往前。
然後慢慢放鬆，回歸原位。

坐著扭一扭，小露一下你的ㄦ字腰

這是十分基本的ㄦ字腰動作，只要利用倒茶水的 5 分鐘時間就夠，而且不會讓你累得面紅耳赤。但是請記住，有做有差喔！

選擇一張能旋轉的椅子，跟著示範圖一起運動吧！動作時要注意，記得邊縮小腹喔！此外，腳部在旋轉時，身體永遠要維持正面，不要跟著轉左、轉右，這樣才能有效把藏在腹肉裡的ㄦ字腰扭出來喔！

旋扭下肢

動作效果
這組動作能扭轉到核心部位，如腹肌、斜腹肌、側腹肌等，而且效果顯著！

分解動作 **1**

point
平時就有運動習慣的人穩定性高，利用一指也可以喔！

tips
開始運動前，要注意椅子和桌面的距離，避免運動時雙腿卡住，或是意外受傷。

1 端正坐姿，面部朝前，然後雙手各伸出兩指平放在桌面上，目的是用來支撐與固定身體擺動的姿勢。

point
踮起腳尖能讓身體
挺直，脊椎不歪斜。

2 雙腿合攏、踮起腳尖。

3

tips
動作重點是旋轉腹部
核心部位，身體保持
挺直，不能駝背或隨
著旋轉而轉動。

4

tips
雙腿往左往右傾倒
時，要以腳尖為圓
心，然後像雨刷一樣
左右擺動膝蓋。

3 利用手指和腳尖當支撐
點，雙腿開始往右傾倒。

4 接著，換雙腿往左傾倒，
這樣就完成基本動作了。

5 接下來要加上原地踏步的動作。一開始如動作步驟①和②。

6 數4拍，原地踏步左、右、左、右。

7 數4拍，雙腳往左倒、往右倒。最後重複⑤至⑥的動作數次。

左扭右扭、左動右動，展現魅力儿字腰

中午吃太多，想盡快把脂肪趕出去，只是坐著小扭腰不過癮嗎？ OK，收到了！應大家的要求，這次的動作會稍微激烈和招搖一點，所以害羞的人最好找個辦公室人少的空間來進行。跟上一個動作不太一樣，這次最好是選擇一張牢固、不會旋轉的椅子或桌子來做。如果你只能在旋轉的辦公椅上執行的話，一定要注意固定椅腳，而且動作幅度不要太大，以免扭得太激情，不小心滑倒受傷了。

好好跟著示範圖一起動，你會發現手臂、肩膀、背部，及核心部位，都像是貼上「我運動到了！」的標籤喔！

雨刷扭腰

動作效果

這組動作會運動到手臂的肌肉、斜方肌，以及腹部核心肌群。特別是手臂，有很好的燃脂效果喔！如果是利用桌子來執行此動作，由於運動到的肌肉更多，效果會比坐著來得好。

分解動作

point
雙手放在臀部的後方，
約一個手掌的距離處。

1　坐在椅子三分之一的地方，把雙手往後放、膝蓋夾緊，支撐起身體，並盡可能的把身體往上撐，同時踮起腳尖。

變化版

tips
如果可以的話，請在
做動作時播放音樂，
隨著節拍擺動臀部。
音樂節奏快慢都好。

2 開始騰空，像雨刷擺動的方式，盡可能往
左往右大幅度的擺動你的臀部，左右來回
算一次動作，共做 8 次，當然有餘力的
話越多次越好。

 也可以利用桌子、櫃子來做動作。
只要有張牢靠、不會滑動的桌子
或物體，就可以來個全身有氧運
動喔！

伸張 |
張開雙掌，伸伸腿

放鬆了肩頸和手臂，別忘了一整天在鍵盤上辛勤耕耘的手指頭喔！

首先，雙手合掌，然後手掌用力伸張，像是左右手的指尖正在對抗對方一樣，堅持5秒後，休息，然後鬆動一下雙手的手指。

接下來，是每根手指的伸展。先把左手大拇指放在右手大拇指的第一個指節重疊（有手汗或容易滑手的人，可以疊在第二個指節上），然後利用兩個大拇指的力量，盡量上下施壓出力數次，然後換成食指、中指、無名指和小指，重複同樣的動作，這樣就能拉開與延伸指頭與手臂的肌肉囉。

打鍵盤、滑手機，10 根手指頭都要抽筋了？

只要一台電腦和鍵盤就可以完成各種文書工作，許多人一整天打電腦，在鍵盤上滑來滑去，甚至下班後，也不可少的用手指頭滑手機來連絡朋友，或是繼續處理公務……不只工作，日常生活的各種動作都少不了雙手和指頭，除非是炒大鍋菜，或是提筆寫字，否則很少人會發覺——你的手指頭累了。

這裡提供大家放鬆指頭筋肉的伸展方法，請隨時隨地愛護一下雙手喔！

張開雙掌

動作效果

拉開、延展手掌的筋肉，促進末梢血液循環，避免指頭筋肉緊張，甚至抽筋。

分解動作

1 像是比腕力一樣，兩隻手的大拇指要互相施壓，而且要伸展到虎口的筋，感覺有一點點痠痛為止。

2 比照①，換成
食指對食指。

3 比照①，換成
中指對中指。

4 比照①，換成
無名指對無名指。

5 比照①，換成
小指對小指。

雙膝夾紙，同時踮起腳尖，能幫助排便喔！

當你坐在辦公桌前，正努力爲著事業打拚（或打混）時，也別讓雙腿閒著，小小的動作就能隨時爲自己健身、維持身材喔！

建議坐著時，在雙膝之間夾一張衛生紙或面紙，然後踮起腳尖，每次大約維持這個動作2分鐘，就能隨時隨地瘦身，並且達到美姿美儀的效果。如果是在執行椅子瘦身運動時，也加入這一招，立刻升級成進階版，更能增加運動效果！

對了，偷偷告訴你，因爲會運用到大腿和臀部肌肉的關係，經常做這個簡單的動作，還可以幫助排便喔！

至於，爲什麼要用軟綿綿的衛生紙、面紙，而不是辦公室隨手可得的影印紙？這是因爲衛生紙的摩擦力比影印紙高，容易夾緊（穿絲襪時，更能體會到這一點喔），所以，衛生紙自然就成了最佳的輔助品啦。

運動到腳痠，有什麼好方法可以立刻改善？

舒緩腳痠是需要時間的，後面單元會分享泡腳、按摩和
掛腿等方法。但，如果是一時間很不舒服，的確
有些方法可以馬上得到舒緩。首先，站起來
抖動雙腳數次，讓運動後緊繃的腿
部肌肉，像是做了輕微的馬殺雞
般，稍微舒緩一下。

另外，推薦擀麵棍這個利器。擀麵棍很便宜，可以在家裡和辦公室都
準備一根，腳痠時就能馬上利用。使用的方法：放在地上，用腳底板
去踩，或是拿來「擀」大腿，或是放在膝蓋和小腿之間，然後有節奏
的壓著小腿肌。怎麼用都好用，大家是不是也跟我一樣，開始覺得擀
麵棍很厲害、很好用了呢？

啊！
忘記提醒大家
了啦！！

選哪一種材質的擀麵棍好呢？

認真的說，擀麵棍有很多材質，建議使用木頭的材質。雖然夏天用不銹鋼的
材質接觸皮膚會感覺涼爽，但到了冬天就會冷得受不了。但是，如果你很有
實驗的精神，也是可以準備個幾種不同材質的擀麵棍，隨著氣溫的冷或熱來
選擇利用。而且，不管是哪一種材質，只要是擀麵棍，都是抒解腿痠的最佳
輔助器。

晚

忙了一天，終於來到晚上輕鬆的時刻，大家
可以盡興運動囉！請務必先暖身，接著播放
喜歡的音樂，跟著節拍一起鍛練ㄦ字腰！剛
開始不熟悉，一時忘記動作時，可以用踏步
帶過。養成習慣而且找到自己喜歡的組合方
式後，也別忘了給自己拍拍手喔！

開心的舞動、盡情的流汗，每一組動作都學
會了，你一定會開心的喜歡上可愛、認真的
自己。當然，日漸纖細的腰身也會讓你更有
自信。

大盛娛樂提供　© 攝影師 六康康

模仿 |

把最美、最正確的動作
學起來

對於剛開始運動跳舞的人來說，除了持續力之外，觀察和模仿是不二法門！觀察教練或老師細微的動作，模仿指導者跳舞的美姿和正確的動作，可以說是已經跨出成功的一半了！

不過，要怎樣才能同時看到指導者和自己的姿勢呢？若有一面全身鏡就太好了，這樣就能達成這項重要任務囉。

觀察！讓鏡子做指導老師的助理

很多人在開始運動時，總是擔心自己的動作不正確，要不就是覺得很難而放棄不做。建議遇到瓶頸時，千萬別慌張、自亂陣腳。這時候請先別急著學會該怎麼動，最重要的是，看清楚鏡子裡你自己的動作。

在練習舞蹈時，老師都會要求我們把注意力放在鏡子裡的自己身上。鏡子可以照出動作的正確和美感，同時也會放大你的錯誤動作。所以，建議大家在練習時，最好能準備一面全身鏡，在播放示範影片看著螢幕時，可以一邊看茵茵的動作，一邊觀察鏡子裡自己的姿勢。好讓你在運動或跳舞時都能清楚掌握自己的動作。

有人跟我說，看著鏡中的自己會讓她覺得「害羞喔！」其實真的不要怕，想想看，你又不是在大庭廣眾下跳舞，頂多就是跟幾個同好一起練，真的不要因為這點小事彆扭啊！請大方地觀察自己的動作，這樣你才會知道每個小細節是否都做到位了，而且也可以對照出你和指導者的跳法哪裡不同。

模仿！把指導者最美和最正確的動作學起來

另一個初學者健身跳舞的小訣竅，就是模仿。在你不知道如何跳出最美和最正確的姿態時，要盡可能的模仿指導者的動作，這樣能讓你快速進步。

一邊看著指導老師的動作，一邊看著鏡子裡的自己，可以發現哪裡不同嗎？例如，同一個動作，為什麼老師扭腰扭得這麼美，自己卻像在

做體操，是哪裡出問題？當你有這種疑問時，你只要用慢動作重播示範影片的動作，找出問題點，然後再加以模仿，多扭幾次就能抓到訣竅了。建議各位，最好先把一組動作練熟，等你扭腰扭得順暢又優美之後，再繼續練下一組動作。

除了跟著示範圖一起來跳「儿字腰扭扭操」之外，大家也可以去尋找自己喜歡的瘦身舞蹈和教練，跟著一位老師專心學，不管是在練習的動力和養成運動習慣上，都有很大的幫助。

同時我也建議大家，在跟老師學習時，可以利用方便的手機做記錄，把老師的迷人動作或是你覺得最難學、最有障礙的地方錄下來，然後利用空閒時，重複地播放與模仿老師的姿態，透過這樣的反覆模仿來學到精髓，自然而然地就能流暢做出各種動作了。

動得正確又美很難嗎？其實只要立定目標、勤奮學習，加上觀察與模仿，你一定能快樂的運動，扭出最有效的動作、舞出最優雅的姿態。我們一起加油吧！

一百分的運動熱忱，
包你瘦

為什麼要運動？端看你的訴求是什麼。如果把運動當成瘦身的工具，但又不認真、不專心，催眠自己有動就好，這樣的話，我會勸你盡早放棄瘦身的念頭，只要快樂的跟著做操或跳舞就好。

但是，如果你一心想找回自己的腰線，就請務必認真學習！每天都要找時間練習，每一個動作都要延展到底，把每一個動作細節都收進眼底，並且期待著穿上 XS 號衣服的那一天！

兩個不及格的 50 分，不會變成 100 分

很多人花錢參加健身中心的課程，就是希望自己能動，不過這個「動」很詭異，說「被動」還更貼切，因為這些人呈現出一副勉強自

己去上課的模樣，完全失去了運動最珍貴的意義！

我真心覺得，既然都決定要運動了，為何還要自我敷衍？難道不能做到百分之百嗎？

有人就曾經這樣對我說：「唉呀，有運動到就好啦！屁股很認真轉一圈，跟隨便轉一圈都一樣有動到啊！而且今天做50分，明天也做50分，這樣不就有做到100分了嗎？！」

聽了這段話，我……頭昏了。

可笑的是，這位朋友在上了一個多月的健身舞蹈課程之後，還不解的問我：「為什麼我跳了一個月的瘦身舞，體重還是沒變呢？」

我由衷希望大家每一天都能做到100分，兩天加起來才可能會是200分，而不是今天不及格，明天也不及格，最後就放棄了。每天都不認真運動，幾乎沒動到身體各部位的肌肉，這是放縱，是給自己找理由，想要變美、變瘦？！那真是天方夜譚了。

瘦下來的捷徑，就在指導者的細微動作上

為什麼運動了卻沒有瘦下來？那是因為你沒有利用到最正確、最快速的捷徑！其實不管是瘦身、健身、燃脂都有一個捷徑：動作要做到跟指導者一模一樣。

以本書來說，只要做到我訴求的重點，你就一定能瘦下來。

想想看，為什麼我要苦口婆心地反覆說，「臀部要像挖冰淇淋一樣的向外扭」「記得一定要肚臍去找脊椎」，這都是在提醒大家，如何做到姿勢正確、怎樣做才能挺胸……

本書的動作都是我精心設計，而且確實實踐有效的瘦身「捷徑」，各位只要照著我的動作，維妙維肖的模仿就能達到瘦身效果。但如果你的心態只是「有跳就好」，那麼效果就可能只達成一半，甚至無效。

更明白地說，同一個動作，確實做了，而且都有做到位的人，只要一個禮拜，就會看到腹肌變緊實了，但只用 50 分態度來做的人，可能要一個月以後才有一點成果。各位要知道，健身成效的快慢，與你想要變瘦的念頭有多急迫成正比。建議大家可以給自己一點動機，像是

下禮拜有大學同學會、下個月要參加好朋友的婚禮等等，有一個目標，就能激起你勤奮練習的動力了。

但如果對你來說，跳跳瘦身操、運動運動，只是想抒壓或放空，維持健康身體而已，那也沒關係。為健康而動本來就不應該再增加壓力，能持續快樂的運動最重要。

不過，站在女生的立場，我自己很愛漂亮，我也希望各位都能展現出最美的一面，任何時候都充滿自信而且自在。所以，如果你也認同這個想法，想在一個月或三個月內瘦下來，請一定要專心學習，努力鍛鍊，把書中扭跳的每一個細節都記在腦子裡，呈現在動作上，並且務必跟體重機上的數字斤斤計較，這樣一定很快就有成果，你的勤奮付出也才值得。

啊！
忘記提醒大家
了呢！！

減掉 1 公斤要消耗多少熱量呢？

體重不同，即使做一樣的運動，消耗 100 大卡熱量的時間也不同。那麼有沒有一個客觀的計算公式呢？的確有喔！就是：

體重 x 消耗熱量＝每小時可消耗的大卡數

例如：體重 50 公斤的人，1 小時騎腳踏車 10 公里，可消耗掉幾大卡的熱量呢？

答案是，50x4 ＊ =100 大卡

＊ 參考右頁「衛服部國建署網站」（http://www.hpa.gov.tw）的運動熱量消耗表。此外，這裡只摘錄部分民眾常做的運動，其他運動，如游泳請上網查詢。

各類運動消耗熱量表

運動項目／體重	消耗熱量 （大卡／公斤體重／時）	運動 30 分鐘所消耗的熱量 （單位：大卡）			
		40 公斤	50 公斤	60 公斤	70 公斤
走路					
慢走（4 公里／時）	3.5	70	87.5	105	122.5
快走、健走（6.0公里／時）	5.5	110	137.5	165	192.5
跑步					
慢跑（8 公里／時）	8.2	164	205	246	287
快跑（12 公里／時）	12.7	254	317.5	381	444.5
快跑（16 公里／時）	16.8	336	420	504	588
騎腳踏車					
騎腳踏車 （一般速度，10公里／時）	4	80	100	120	140
騎腳踏車 （快，20 公里／時）	8.4	168	210	252	294
騎腳踏車 （很快，30 公里／時）	12.6	252	315	378	441
爬樓梯					
下樓梯	3.2	64	80	96	112
上樓梯	8.4	168	210	252	294
其他運動					
瑜伽	3	60	75	90	105
跳舞（慢）、元極舞	3.1	62	77.5	93	108.5
跳舞（快）、國標舞	5.3	106	132.5	159	185.5
有氧舞蹈	6.8	136	170	204	238
籃球（半場）	6.3	126	157.5	189	220.5
籃球（全場）	8.3	166	207.5	249	290.5

腰瘦 |

踏踩踏踩、扭一扭，
打造美身ㄦ字線

繼迎接清晨的暖身、工作空檔的伸展，終於進行到大家最關注的ㄦ字
腰扭扭操囉！本單元的動作設計更細微、更有效，從最基本的踏步、
一直到邊跳舞邊扭腰，由簡單的組合舞蹈逐步帶你進入美妙且有效緊
實腹臀線的ㄦ字腰操，讓你每一次都動到核心部位！記得搭配示範影
帶的動態講解，你將會更加得心應手喔。

為了強化效果，請記得在做動作時姿勢一定要正確，不可忽高忽低，
並且要讓腰能夠自由的扭動，確實的用到核心肌群，如此才能事半功
倍。不但如此，這些動作都跳順了，還會有一種在跳拉丁舞、莎莎、
恰恰或倫巴的感覺呢。

現在就跟著我一起扭腰，瘦身加舞蹈一次達成！

邊跳邊有腰！你一定跳得動也瘦得下來

A 組動作是最基本的，跳任何動作時，若是一時失憶，只要回到 A 組動作：「踏步、擺手」即可。這部分將介紹三個基本動作：A 組、A1 組、A2 組。這三招可以分開來做，也可以連貫做（A3 組，參考 DVD），從基本的 A 組踏步、擺手，加上 A1 組的手部「提水桶」，最後結合 A2 組的扭臂「挖冰淇淋」的動作，可以有效強化核心肌群。

A 組動作：
基礎＝踏步＋扣手扭腰

動作效果
這是「ㄦ字腰扭扭操」基本中的基本，也可以當作暖身操。在踏步、擺手之間，不僅身體肌肉暖和了，同時也做好了跳ㄦ字腰操的心理準備。

分解
動作

基本踏步

1 站直之後，開始數拍子，1、2、3、4，左踏步、右踏步、左踏步、右踏步，手隨著拍子自然晃動。

扣手扭腰

2

tips

在扭腰換邊時，
必須雙腳都伸
直之後，才能
換膝蓋彎曲喔。

2 先把雙手提高，在胸前彎曲，然後曲掌且指間相碰，5、6、7、8，左扭腰、右扭腰、左扭腰、右扭腰。

A1 組動作：
重點＝手提水桶

動作效果

這是 A 組的變化形，腳步維持基本踏步，手掌握拳，手臂彎曲往上提，腰部隨節拍左扭右扭。加上手部的動作，目的在使肩頸放鬆。

分解動作　手提水桶

point

口訣：提水桶

1 運用 A 組基本動作來變換舞姿。手部改成手握拳，並且手臂要彎曲往上提，動作時邊唸口訣：「提水桶」，可幫助記住動作。腳步要保持基本踏步。

踏步

踏步

提水桶

提水桶

tips

身體在扭動時，要呈現斜的狀
態，這樣才會運動到腹斜肌。切
記，頭不要下垂，身體要挺直。

★ 組合動作：
踏步→踏步→提水桶→提水桶

臀部扭腰

踏步　　　　　　　踏步　　　　　　　提水桶

2 繼續①的動作，並加上臀部扭腰的動作：
踏步→踏步→提水桶＋左扭腰→提水桶＋右扭腰。

左扭臀 提水桶 右扭臀

變化版

⭐ 接著還可以變化成：

踏步 4 次→提水桶＋左扭腰→提水桶＋右扭腰→提水桶＋左扭腰→提水桶＋右扭腰。

127

A2 組動作：
重點＝臀部挖冰淇淋

動作效果
腳部一樣從基本踏步開始，動作以 A1 組為主，再加上自由擺動手部、腳步變化成前踏、後踏，以及大弧度扭腰，比起 A1 組，A2 組的動作更為激烈一點，強化腰腹線的效果更好。

分解動作 挖冰淇淋

1

point
口訣：挖冰淇淋

1 先練習前、後踏步和手擺動：腳往前踏，然後往後踏；手部則是自由擺動。

point

扭腰時腰部要盡量從外挖回來,而不是客氣的扭一下就好,這樣才能運動到核心部位!另外要注意扭腰時需挺胸,不要晃動身體喔!

tips

如果無法做到大弧度的扭腰,也可以從前踏小扭一下、後踏小扭一下,慢慢習慣動作,熟練之後再開始大弧度的踩踏加扭腰。

2 繼續①的動作,再加入扭臀動作。腳步往前踏的時候,腰部像是在挖冰淇淋般地往外扭一下腰,往後踏的時候同樣方法扭一下腰。連續動作為:前踏→左扭腰→後踏→右扭腰。

連貫組合動作

踏步

踏步

提水桶

提水桶

變化版

把 A + A1 + A2 的動作跳一遍（即 DVD 的 A3 組動作）：
踏步→踏步→A1 組（提水桶、提水桶）→踏步→踏步→A2 組（挖冰淇淋、挖冰淇淋）。
以上動作重複做至少 2 分鐘。

踏步

踏步

挖冰淇淋

挖冰淇淋

131

要瘦、腰瘦！持續動就會全身瘦

前面的動作腳步都只是小範圍移動，從這裡開始要提高難度、強化效果，帶大家往ㄦ字腰前進！全身不同部位的肌肉都會運用到，在邊做著動作（ㄦ字腰扭扭操）的同時，也緊實了腹部的肌肉，另一方面也讓臀部 UP-UP，並且甩掉惱人的掰掰袖。

雖然說是「提高難度」，但也不是什麼非常困難的動作啦！請安心，我設計的每個動作目的都希望能讓你持之以恆的養成運動習慣，所以絕不會讓你有藉口太難而放棄了。請記住，從 1 次 5 分鐘開始，每天都動一動，只要打敗惰性，黏在腰上的萬年游泳圈遲早會被你的毅力征服，而雕塑出緊實的腰腹線（握拳）！

B 組動作：
重點＝提臀、縮小腹

動作效果
整套動作會運用到上腹肌、下腹部、腹腔等部位，達到提臀、縮小腹的目的。

分解動作

1 把雙手往旁邊伸直，再把手肘往前平伸，讓手和身體形成一個ㄇ字型。

為了強化提臀效果，要
注意骨盆不可以往下垂，
並且為了避免脊椎受到
傷害，運動時一定要隨
時留意保持正確姿勢。

tips

保持挺胸、姿勢正確，有個提醒的口訣：
肚臍去找脊椎（縮小腹）。邊跳邊唸口訣，
會跳得更優美、漂亮，而且保證做了四個
8拍後，你的肚子一定會很痠！（笑）

 雙腳微蹲、縮小腹、手掌順勢
往前推出去。

 結合①和②的動作：踏步4次→腳張開、
手順勢推出去2次。重複做至少2分鐘。

進階版，連續動作

手順勢
推出去

腳往左右
跨步

手順勢
推出去

雙腳
原地張開

 整套進階的 B 組動作：
手順勢推出去＋腳往左右跨步 4 次→手順勢推出去＋雙腳原地張開 8 次→手抬高順勢推
出去＋雙腳原地張開 4 次→手往下順勢推出去＋雙腳原地張開 4 次→手往旁邊順勢抬高
張開推出去＋雙腳原地張開 8 次。

手往旁邊
順勢抬高
張開推出去

雙腳
原地張開

手往下順
勢推出去

雙腳
原地張開

135

C 組動作：
重點＝臀部繞圈

動作效果
一樣會運動到上腹肌、下腹部、腹腔等部位，但是
重點在於加強緊實腹部和提臀的效果。

分解
動作

1

tips
手部在這個動作組合裡只
是輔助效果，重點是在腹
部。所以，你也可以平舉
雙手做臀部繞圈喔！

1 把手放在胸前，動作如同 B 組的步驟①一般。

tips

這套動作因為步驟簡單，所以
很適合邊看電視邊做喔。

2 臀部往前、往左、往後、往右繞一圈。
當習慣這個動作之後，就把這四個動作
串聯成用臀部繞一圈。

 整套 C 組動作：
臀部繞一圈 8 次→臀部往左、往
右 8 次→臀部繞一圈 8 次。

D 組動作：
動作＝掰掰袖

動作效果
同樣會運動到上腹肌、下腹部、腹腔等核心肌群，但這個動作的重點，多了強化手臂肌肉的緊實度。特別建議春末、初夏時加強做，這樣換上夏裝時，就可以穿上無袖背心，露出纖細沒有掰掰袖的魅力手臂了。

分解動作

1

1　身體站直，
　　雙手平行伸直。

tips
運動中身體一樣要呈現出
美好的曲線喔！

2 身體盡量往右傾斜，腳屈
膝、臀部稍微抬起，頭也
要往同一方向望去。

3 身體盡量往左
傾斜。

 整套 D 組動作：
身體往右、往左傾斜
8 次。

進階版，連續動作

身體
往右傾斜

身體
往左傾斜

手掌平伸

 整套進階 D 組動作：
身體往右、往左傾斜＋手掌平伸 8 次→身體往右、往左傾斜＋手掌豎起 8 次。

身體
往右傾斜

身體
往左傾斜

手掌平伸

tips

在做左、右快速傾斜動作時，想像成手掌要去摸旁邊的牆，這樣動作才容易延展到底，確實運動到需加強的手臂肌肉。

叫我ㄦ字腰女王！享受瘦身及跳舞的快感

打造ㄦ字腰身有很多方法，但沒有一種運動像本書所傳達的，不只讓你擁有美麗ㄦ字腰臀線，還讓你領略到舞蹈的樂趣！一邊跳舞一邊享瘦，這真的太美妙了，你不覺得嗎？
這裡要介紹的動作，重點放在加強扭腰和扭臀的動作，讓你徹底運動到核心肌群，同時搭配手部的擺動和腿部的動作，讓各位浸淫在美妙的舞動氛圍中，不知不覺間就瘦了下來。
切記，一定不要給自己任何偷懶的藉口，一天比一天練得更勤、扭動得更徹底，ㄦ字腰女王非你莫屬！

E 組動作：
重點＝踏併扭腰

動作效果
除了核心部位之外，全身都運動到了，可有效雕塑整體身形。
請依個人的體能，循序漸進的加強舞動的時間，建議盡可能多跳幾次！

分解動作

1 往右走一步，臀部往左扭，手部自然擺動。

2 腳合攏，身體回歸立正。

3

tips

基本步伐練順之後，只要在扭腰時，多
做一個反方向的臀部扭動（也就是臀部
往右扭時，也要往左扭回），就能讓動
作有韻律感。若再加上手部的動作，扭
扭操就跟跳舞一樣漂亮而且能瘦。

3 往左走一步，臀部往右扭，手部自然
擺動；反方向同樣動作重複做一次。

 整套 E 組動作：
左橫走扭腰＋腳步踏併踏併 8 次→
右橫走扭腰＋腳步踏併踏併 8 次。

F 組動作：
重點＝踏併扭腰進階版

動作效果
E 組動作的再深化，臀部的扭動會比 E 組要深入，會運動到腹部更深處的肌肉，緊實腰、臀部的效果也更好。還不習慣這個動作時，可能會比較痠、痛，但漸漸適應，並且看到越來越明顯的儿字腰線後，你一定會愛上它！

分解動作

1 動作如 E 組，但手部動作要變化成拍手。全部動作的重點就是腳步踏點、扭腰加拍手。

2 開始往橫向移動。動作一樣是腳步踏點、扭腰加拍手。

踏點　　　　　扭腰　　　　　拍手

3

踏點　　　　　扭腰　　　　　拍手

tips
記得，臀部要
像海浪一樣的
扭動。

3 整套 F 組動作：
踏點扭腰→踏點扭腰＋拍手→
踏點扭腰→踏點扭腰＋拍手。

★ 進階 F 組動作：
扭腰時，臀部多抖動一下，看起來
會更像是在跳舞喔！

動作效果

G 組動作是全書難度最高的，開始練時只要把動作拆成東、南、西、北四面，練習一段時間後，再多注意換邊時的步伐，練習到流暢後就能自然轉換四個方位，跳起來也更像舞蹈，更華麗與優美。當然，全身的肌肉線條也會像專業舞者一樣婀娜多姿與優雅喔！

分解
動作

1 雙腳打開，雙手的五指張開，
放在耳朵附近。

2 做左、右轉身的動作，同時讓雙手在頭部附近擺動。臀部要像波浪一樣反轉著。

3

tips

如果覺得配合不了節拍，可以把最基本踏併扭腰的動作多練幾次，當動作熟練後，即使沒有舞蹈細胞的人，也能跳出令人刮目相看的瘦身舞姿喔！

3 整套 G 組動作：
臀部扭轉＋手自由擺動 8 次→臀部扭轉＋手舉高 4 次→臀部扭轉＋手自由擺動 4 次。

 進階 G 組動作：
動作一樣，但腳步不同，每次換邊要向右旋轉 90 度。

A 至 G 組的動作可以自由排列組合

依照個人當天的需求,將動作組合成適合自己的運動內容,
就是專屬你的「獨一無二的ㄦ字腰扭扭操」囉!

A
扣手
扭腰

A1
提水桶

A2
挖冰淇淋

B
提臀
縮小腹

C
臀部
繞圈

D
掰掰袖

E
踏併
扭腰

F
拍手踏併
扭腰

G
華麗
ㄦ字舞

美姿

正確的吸氣、吐氣，
腰桿自然挺直

從小不管是在家裡還是學校，大人們總要提醒我們，「站有站姿，坐有坐相」，特別是站姿，會不斷地被耳提面命：抬頭挺胸、縮小腹。

如果只是靜態的站立，只要不是長時間被罰站，其實是可以做到姿勢正確，但如果是動態中，尤其是運動狀態下，要維持正確姿勢眞的不容易。現在，我就來爲大家詳細說明，如何做到運動中也保持正確姿勢吧！

正確的站姿必須是：身體站直，骨盆稍微往前一點點，讓脊椎呈現出筆直的狀態。同時用心體會、感受肚臍貼到脊椎的感覺，然後順勢縮小腹，收縮肋骨、背部，同時將胸椎往上頂，這時候肩胛骨要向外打開，手肘自然放下。

綜觀而言，「肚臍找脊椎」這一招是最基本也最重要。請想像自己的肚臍去貼住脊椎，並且往內收，這樣一來運動或跳舞時，核心部位才不會沒力氣，而且動作也會比較美。

除了站姿，運動時也要注意如何吐氣，正確的方法是：先將肚臍內縮，然後挺胸，保持這個姿勢，再吐氣。這樣吐氣效果加倍喔。

藉由踏步來緩和運動不適

本書設計的「儿字腰扭扭操」所有動作，都穿插了踏步這個基本舞蹈動作，這是爲了讓大家的最大心跳數和心肺呼吸的氧氣，都能保持在安全的水平內，不至於讓身體過喘或太亢奮。

萬一你在跳「A～G組的儿字操動作」時，突然不記得動作或是感覺動得很吃力，這時候就可以回到踏步的動作，稍微緩和一下心跳率和呼吸，而且不會漏了拍子地繼續跟著節奏踏步，一直到你想起下一個動作，或是覺得身體可以負荷時，再繼續原來做的動作。

注意！千萬不要因爲一時忘記動作，或因爲其他事情干擾而停止律動，因爲一旦停止了，就要重新適應運動的節奏，心理上也容易出現

縫隙，讓惰性有機可乘，一心想著今天上班累死了，乾脆就此休息，而這一休息，可能不只這一天，連明天、後天的運動計畫也一起被拋到腦後了。

所以，記不得動作沒關係；記不得口訣，沒關係；忘了便利貼寫些什麼提醒，也沒關係。總之，一定不要中斷，要持續的踏步，讓整個運動都串聯著。當然，這也代表著，如果運動中手機響了，你還是要一邊接手機，一邊踏步喔！

全身都瘦下來了，連胸部也會縮小嗎？

有不少粉絲問我：我想要全身都瘦下來，但會不會連胸部都縮小了？

我要很嚴肅的跟大家說，其實運動並不會讓你瘦到連胸部都沒了，茵茵就是最好的證明，不是嗎？（羞）

只要多關心一點健康訊息，各位就會知道，瘦下來連胸部都變小的，通常都是發生在錯誤的節食減肥案例，甚至有不少運動生理專家和醫師都說，做對運動甚至會有豐胸的效果呢！如果你很在意胸形漂不漂亮，夠不夠挺，就應該從飲食和運動雙方面來著手。

例如，不想瘦到胸部，做完ㄦ字腰操之後，就需要增加一些讓胸部堅挺的動作，強化胸部底層的胸大肌來加強支撐力。飲食上則要注意適當的補充蛋白質，讓運動消耗掉的脂肪，可以轉化成肌肉，以保持住胸形。

這邊介紹大家一個最簡單的「保胸」動作：首先將雙手向前平舉，並且弓起，呈L型，然後雙手一起用力往內夾。動作的組合是：雙手往

內夾、打開恢復原位，然後重複做至少5分鐘。

除了保胸的動作外，按摩乳房周圍的淋巴、胸腺，促進循環，也有助於維護美麗的胸部線條，而且能避免堵塞，甚至防止形成乳癌喔！

錯誤的節食減肥，會導致乳房變小、鬆弛和下垂！

基本上做對運動並不會造成胸部變小，甚至還可能因為鍛鍊到胸大肌群，而增加乳房底部的厚度，提高支撐力，反而有緊實、堅挺的好處。特別是伏地挺身、蝶式和自由式游泳，效果更是顯著。運動可以促進血液循環、強化皮膚的彈性、提高肌肉彈性和強韌度，好處多多，千萬不要錯誤認為會縮胸就不運動喔！

除了運動外，在飲食和保養上多留意，也可以解除縮胸疑慮。飲食上首重「營養均衡」，可以多吃低熱量、高蛋白的多穀物或全麥麵包，當然蔬菜水果也要多種類補充，低油脂的海鮮類或雞肉是蛋白質的優良攝取源。還有，充足的水分和富含維生素 B 和 E 的食物都要注意攝取。

除了飲食和運動外，在保養上可以利用穴道按摩、疏通乳房周邊的淋巴和乳腺來維護乳房健康，打造緊實有形的傲人美胸。

眠

夜幕低垂，四周開始平靜下來，是該好好收拾心情，然後沉沉的睡去了。但是忙了一天，仍有不少待辦事項、雜念太多、剛做完ㄦ字腰扭扭操……身心還未平復，這種時候一定不可省略「收操」，藉由伸展緊繃的脊椎、雙手、雙腳，不只讓身體恢復平靜，心情也可以獲得安適。

各位可別因為累了，就一時軟弱放棄收操喔！收操能幫助你抒解壓力、消去疲勞，最棒的是，還有舒眠的作用呢。所以，在一天結束之前，請邊做操，邊專心傾聽自己身體的聲音。

晚安，願大家都能作好夢。

拉筋 |

拉開筋，
真的會全身舒暢！

棒球可以說是全民運動，大家應該都看過電視轉播棒球賽，運動選手
們在場邊甩手、甩腳、扭頭的暖身動作，接著是側彎壓腳、拉筋等，
就運動員來說這些都是例行動作，再平常不過了。但是，各位可能不
知道，拉筋其實跟健康息息相關喔！

拉筋和健康密切相關

有一次，在上台跳舞前，我習慣性地做暖身操，慢慢地做到拉筋動作
時，身旁剛認識的朋友看了，馬上興高采烈地對我說：「你的筋這麼
開，一定很健康吧？」喔喔，不要告訴我，你也這麼認為喔。藉此要
跟大家溝通一個觀念：筋拉開的程度，的確跟健康成正比。但不是
說，天生軟骨頭、筋越開的人就越健康喔。

我的意思是，從現在開始養成暖身、拉筋，在習慣運動後，你會發現自己的身體越來越健康。很多時候，我們的身體因為筋太緊，肌肉都是鎖死的，所以會感覺到痠痛，當筋伸展開來，就會覺得舒服許多。尤其是脊椎的筋，若能拉開，對健康有十分大的助益，例如矯正不良姿勢造成的錯位等。

拉筋除了可以延展、舒緩你緊繃的肌肉，另一個優點就是，就算上了年紀也不見老態，讓筋肉保持鬆弛、有彈性，身體自然健康。

筋拉開了，真的會全身舒暢！

拉筋的優點多多，但它可不是暖身動作喔！前面已經提過，拉筋動作要放在暖身之後再做，必須先讓身體延展開來，才能做拉筋，否則很容易造成傷害。所以，你會看到專業的運動員，都會將拉筋放在暖身後、正式運動之前。

不過，我覺得拉筋也很適合放在正式運動之後，當作收操的動作之一。因為當筋被拉開之後，人就會呈現很舒服的狀態，更容易入眠。所以在這個收操的單元，我設計了一些舒緩的拉筋動作，讓你能因此而慢慢的解除疲憊，讓身體和心理都恢復平靜、安適。

至於平時拉筋要怎麼拉、拉哪裡？每個人的狀況不同，你可以試著去尋找自己最需要加強的部位。

以我為例，我可能是學舞蹈的關係，所以筋很開，但這不表示我全身上下的筋都是「百面開」，其實我的脊椎和前側的大腿肌肉非常緊，所以每天晚上我都會去拉這兩個部位的筋，例如做卍字腿動作。拉筋拉完之後真的更好睡了，這個優點讓我忍不住要分享給大家啊！

羅馬不是一天造成的，要筋鬆開也不是一兩天就能做到，慢慢來，只要持續，你會發現，今天的筋又比昨日開了一些。加油，你一定能夠享受到拉筋後的健康和舒暢！

啊！忘記提醒大家了啦！！

拉筋的好處一次整理給你知！

拉筋能夠幫助放鬆和舒緩緊張的肌肉，特別是運動後拉筋，可以使你第二天肌肉較不那麼痠痛。而運動前的拉筋，主要是溫暖肌肉增加延展性，藉由拉筋可以減少肌肉在運動中的不適，與避免運動傷害。下面幫大家歸納出幾個拉筋的好處：

1. 溫暖肌肉，提高身體的反應度和彈性，奔跑運動、爬上爬下都能輕鬆完成。
2. 降低潛在的運動風險，保護肌肉避免受傷。
3. 鬆弛和延展緊繃的肌肉，降低動作的困難度，並協助你確實做到位。
4. 促進血液循環，強化身體代謝機制，順利讓肌肉補足營養，減少痠痛情形。
5. 有效舒緩緊繃的肌肉，使線條更優美、更好看。
6. 使身心恢復平靜，有效釋放壓力。睡前拉筋也有助提升睡眠品質。

舒緩腿痠
最有力的三招

每次我運動、跳舞很累，或是去日本旅遊血拚，回到飯店後一定都會做泡腳、按摩兼掛腿。尤其是最後的90度垂直掛腿，經常讓我在一邊掛腿一邊冥想時，就睡意湧現，舒服的想沈沈睡去呢。

千萬不要讓今天的疲憊留給美好的明天。今晚就來試一下舒緩腿痠的美妙三重奏吧！有安穩的睡眠，才能儲備明天的活力，繼續快樂的為健康瘦身奮鬥！

舒緩腳痠的步驟：先泡腳，再按摩

「姊，腿很痠的時候，要先泡腳還是按摩啊？」堂弟有次這樣問我，還說他都是先按摩，但這樣到底對不對呢？

「你想想，我們去泰式按摩的時候，是先讓你做哪件事情呢？」話才出口，堂弟就一副「原來如此」的表情。

泰式按摩的流程是這樣的：先泡腳、後按摩。因為血液必須先循環之後，帶動肌肉伸展了，才更好做按摩推拿的動作。

所以，舒緩腳痠的第一招：想辦法拿盆子裝熱水，泡腳。在家裡可以拿小水桶代替，在飯店可以拿洗臉盆或大水瓢，然後坐著舒服的泡著腳，讓你的雙腳血液循環更好。

然後再按摩腳部。可以加些精油來按摩，這樣推起來會比較順，而且精油的味道也會讓你感覺放鬆、舒服。另外，精油也比乳液好用，因為乳液經常一推就乾掉了，但精油則可以維持一段時間。

90度掛腿，讓你把今日疲憊全消除

泡腳之後，接下來便是舒緩腳痠的最關鍵一招：掛腿。把腳抬得高高的，最好跟牆壁成90度角。尤其是去日本旅行時，一天「行軍」下來，腿真的痠到最高點，也沒力氣按摩腳，這時最好的方式就是將雙腿高舉、掛在牆上。

有些人會選擇用枕頭或抱枕來把腿部墊高，然後睡覺。但是我覺得這樣效果不佳，還會睡不好。所以，我非常推薦奔波了一天、運動完之後，先洗個澡、泡腳，然後放個輕鬆的音樂，把雙腳90度垂直掛在牆上，使血液徹底的逆流，促進血液循環，而且還能消除腿脹、腳腫喔。

另外，在掛腿的同時可以做腳尖往內勾的動作，目的在拉後小腿的筋，一併舒緩後腿的肌肉。通常掛腿5～10分鐘，就能感受到效果，真的很有效！完全不用買什麼「休足」來貼。下次遇到運動或逛街腳痠時，你一定要試一試這一招！

啊！忘記提醒大家了啦！！

生理期時，不要做掛腿喔！

請注意，掛腿很舒服，但可不能每天都做。當月事來的時候只要泡腳、按摩就好，因為掛腿會讓血液逆流得太快，會造成子宮的負擔，千萬別試啊！

毛毛蟲伸展、卍字腿按摩

收操跟暖身一樣重要，運動後沒有收操，就像草率結束一場美好的宴會，讓身心無法回復，甚至讓疲累留到明天。前面的單元已經介紹了許多核心及手部、腳步的運動，所以收操的第一步驟，就先來舒緩整個核心及手部的肌肉吧！

小腿主要肌肉圖

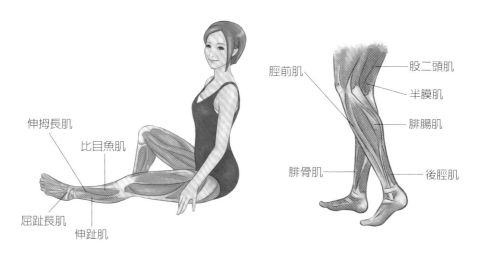

伸拇長肌

比目魚肌

屈趾長肌

伸趾肌

脛前肌

腓骨肌

股二頭肌

半膜肌

腓腸肌

後脛肌

貼牆舒緩筋肉

動作效果
舒緩腰椎、腹部以及手臂肌肉。注意腳步要站穩，可別跌倒了。

分解動作

1 面向牆面，站在約離牆面兩步寬的距離。

2 雙手往上，然後把手輕輕放在牆壁上，約與牆壁成 45 度角，不用刻意抬很高。

point

這個進階動作，應
該有讓你感覺拉到
腰椎和腹部了吧！

tips

記得腳要保持伸直，
只有上半身貼牆。

3 身體慢慢的往前彎，背部往牆壁的方向
開始緩慢下壓，心中默數 8 拍，這時候
你可以明顯感覺到，這個動作正在拉著
你的手臂肌肉。

4 如果身體還有辦法伸展，就可以繼續
做進階動作：手指頭學毛毛蟲蠕動，
往上爬兩格，然後慢慢貼牆，使身體
彎下去，心中默數 8 拍。

偷學毛毛蟲，這樣伸展背和脊椎最舒服

脊椎掌管了身體所有的神經，所以在運動到這麼多的肌肉之後，最該放鬆的就是脊椎了。
在做這動作時，要從頭慢慢往下，利用地心引力來放鬆脊椎，千萬不要以為自己身體軟，
一下子就彎腰、手碰地，這可是會加劇肌肉負荷喔！
以下動作越慢越好，然後配合呼吸，想像自己是一隻毛毛蟲，慢慢爬，慢慢爬，這樣才能
感受到拉筋放鬆的效果。

毛毛蟲 脊椎伸展	**動作效果** 伸展脊椎和背部，動作要盡量慢，並且依照自己的能力來做， 千萬不要勉強。

分解
動作

1 先立正站好，想像頭頂有條線往上牽制你。

2 現在線放鬆了，讓頭部自然的垂下，同時吐氣。

tips

重心要稍微往前，
手部放鬆，膝蓋不
要太往後頂，因為
這樣的動作會讓膝
蓋前面的軟骨承受
太大的壓力。

3 身體一點一點往下彎，一直彎
到腰部。還可繼續往下彎的
人，就繼續往下彎，真的不行
就不要勉強，做到這裡就好。

4 無法再彎曲的人，可以輕
輕用手點膝蓋，學毛毛蟲
蠕動，慢慢的往下爬，一
直到再也彎不下去為止。

5 有辦法再彎的
人，就繼續順著
地心引力牽引，
慢慢往下彎。

6 手心能碰到地板的人，這時候可以稍微休息一下，而再也彎不下去的人，可千萬不要突然就站起來喔。

7 正確起來的方法是：膝蓋先彎，身體帶動脊椎到幾乎快要蹲到最低點時，然後像毛毛蟲一樣的蜷著身體站起來。

進階動作❶

進階動作❷

8 至於那些能碰到地板的人，請接續放鬆伸展。在休息一個 8 拍之後，右邊的膝蓋先彎，然後把頭靠過去，接下來換左邊。

9 雙手握住腳踝，把頭放在雙腳之間停頓 8 拍，然後運用步驟⑦的動作站起來。

小腿按摩小腿！你一定要學會卍字腿收操

卍字腿是我最喜歡做的收操動作，甚至可以維持這個動作躺著睡著，因為真的太舒服了。不過一般人可能在做卍字腿動作時，會覺得腳非常痠，出現這種情況時，可以先慢慢的拉筋，舒緩一下腿部肌肉。

卍字腿收操還有個優點就是，可以利用小腿的前脛骨來按摩自己的另一條小腿！不需要用到手的力氣來按摩腿，而是利用身體的力氣來按摩小腿肌，這個力道可媲美專業按摩師！

最後提醒大家，收操的目的在於舒緩身體，請耐心的一個步驟、一個步驟地做，太急太快或勉強自己都對身體無益，祝大家愉悅的收操、甜甜的舒眠！

卍字腿 釋壓按摩

動作效果
有效延展大腿前側肌肉、舒緩小腿肌肉。注意！動作要慢、要借力使力，太勉強或是太急太快，都可能受傷，不可不慎。

分解 動作

1

1 先把雙腿折成卍字形。

2 雙手的手肘慢慢往後靠，一
直到呈 90 度，伸展大腿前側
肌肉。

3 以彎折的那隻腳使力，將臀部慢慢往上推，使筋
肉拉得更多。同時配合呼吸。吸氣時，骨盆往上
推 4 拍；吐氣時，骨盆放下數 4 拍。接著換邊做。

右腿按摩左腿

4 爬起來後，改成左腳跪立，右腳放在左腳小腿處，然後坐下，利用右小腿的前脛骨去按摩左小腿。同一方式可按摩小腿的不同部位。

左腿按摩右腿

5 接下來換邊做。

緩慢呼吸、釋放壓力，好安眠

有人說，自己喝水也會胖。但也有人說，喝水會瘦。

不論如何，適當補充水分，真的有益健康。喝水能幫助代謝，讓你補足運動後身體流失的水分，並且排出不好的物質，甚至也有利瘦身。特別是想瘦身，飲食上卻不忌口的人，更需要利用水分來輔助身體代謝。

那麼，每天至少要喝多少水呢？每個人的狀況不一，一般是建議喝2000到2500cc的水，活動量大的人喝3000cc也行。這麼多的水可不是要你短時間內一次喝完，而要分次分量的慢慢飲用。

喝水的重要性，除了是身體必需之外，習慣運動加上多喝水，更能幫

助你代謝、瘦身。雖然這道理人人都懂，但常常一忙起來就忘了喝水，又不能一次就咕嚕咕嚕地喝下1000cc，那要怎麼辦呢？

你可以利用一些輔助工具，例如在手機裡設下喝水鬧鈴，或者下載相關的APP來提醒你，雖然這樣被動的喝水好像機器人，但是，對於常忘記喝水的人來說，真的能有效達成多喝水的目的。

多喝水是要你攝取足量的水，但萬萬不可超量喔！

人體有70%是水，水是人體不可缺少的重要元素。3天不喝水可能會脫水而亡，但是7天斷食也不至於立即死亡，可見水對健康有多重要了，甚至還有一種說法是「水是最好的醫藥」。

就如前面所說，一般人一天的喝水量大概2000～2500 cc，最多3000 cc。這是針對有在正常活動、運動的情況。如果超過這個量，或是生病的人，像是有高尿毒、高尿蛋白、水腫等症狀的人，就必須斟酌水分的攝取。而且，一次喝水量最好不要超過400～500cc，一次大量灌入超過身體需要的水分，反而會增加心臟和腎臟的負擔。一定要注意喔！

收操時要怎麼樣搭配呼吸？

收操的目的在於舒緩你的肌肉，使身心恢復平靜。這時最重要的，就是一邊做著動作，一邊搭配呼吸，兩者若能做到合而為一，那麼你的睡眠品質將會大幅提升。

收操的呼吸法跟運動時不一樣，以長吸、長吐為宜。在吐氣時要發揮想像力，想像要把每一吋肌肉的空氣都由手指頭的尖端吐出一樣，就類似冥想般，藉由吐氣來舒緩、釋放壓力，這樣才會真的達到效果。

總之，在收操時，動作雖然重要，但呼吸更重要！若是忘了前後動作也沒關係，但是切記一定要讓自己深沉的吸氣、吐氣，由呼吸來主導動作。

注意，不可以憋氣喔，那會使你缺氧頭暈，身心反而無法真正的放鬆、休息。

最後，如果你真的做不到動作與呼吸合一，建議先調節自己的深呼吸狀況，多做幾次深深的吸氣和吐氣，然後再與收操動作一起做，就能漸入佳境了。

專心做收操動作可以帶來好眠

情緒是失眠的關鍵。入夜後你的情緒還是很亢奮、焦躁的話，就算是躺在床上、閉上眼睛，腦子仍然轉個不停，這樣如何能睡好呢？

建議各位在一天結束前，就算沒有運動也沒關係，但還是一定要做收操，讓自己的身心恢復平靜，好好的為繁忙的一天劃上休止符。

專心做收操很重要！它能在短時間內讓腦袋放空，讓思緒回到身體上，感受到身體的每一部位都在放鬆中；接下來的拉筋，則會鬆弛身體，釋放掉一天的疲累；此外，緩而慢的適當運動能製造腦內啡，使你的心情變好……收操的優點不少，檢視這些優點和實際做了收操後，你會發現，睡眠品質變好了，睡得飽、身體修復機制正常運作，整個人精神更好了。

有失眠困擾的人，不妨認真專注的做書中設計的收操動作，藉由收操來舒緩一天的緊繃情緒和身體，幫助你好好休息、一夜好眠吧！

扭扭操讓你變得不一樣，
體態輕盈、容光煥發！

謝謝你們買了這本書。有句英文諺語說：「Vote with your dollars.」意思大概是「以實質購買作為支持的行動」。所以，我應該可以認為，各位購買本書的讀者都是支持與愛護我的好朋友吧！

再一次，誠摯的感謝各位。

瘦下來真的是一件很棒的事，所以市面上才會有那麼多的瘦身產品、瘦身書，不斷推陳出新。在這本書中，我所推薦給大家的，可以說是「燃脂效果佳的有氧舞蹈」，結合了當前歐美和日本非常流行的「core rhythms」；這個字目前沒有比較適當的中文譯名，我們暫且稱它為「脊柱核心韻律操」吧！

在本書一開始，已經跟各位說過我接觸芭蕾舞的歷程，但我沒說的是，芭蕾舞讓我的人生很不同。因為芭蕾，我成了學校的風雲人物，更從中找到成就感與自信快樂，但是也因為太勤奮練習，超出身體負荷而受傷，不得不從女主角的位子退下來。儘管失落和氣餒，但我喜愛舞蹈的心一樣熱烈，並沒有因為當不成主角就放棄舞蹈，反而加寬了學習領域，嘗試更多不同的舞蹈：現代舞、民族舞、街舞、爵士舞、拉丁舞、Zumba、鋼管舞等，而且我發現自己的學習力極佳，很快就能掌握訣竅！

這樣的精神就體現在這本《茵茵的ㄦ字腰扭扭操》中，我把自己的舞蹈專業，結合了國外正夯的「core rhythms瘦身操」，希望給大家容易練、容易記住，而且會快樂地一直想要持續動的瘦身運動──ㄦ字腰扭扭操。

能快樂優雅的瘦是一件很棒的事！美好的事情本來就不是強迫式，健康瘦身是一輩子要持續的事情，所以更要輕鬆看待，把變瘦、變美的作法融入日常生活裡，沒有壓力的每天動一動、扭一扭腰，正向的能量會呈現在你的身體和心理上，當你一步步瘦下來時，也才能更趨近你真實的樣貌。

運動變瘦只是找回真實自我的一個過程，真正的目標是挖掘包覆在脂肪外衣底下，那個優雅、美麗的你！對此，我很有信心，本書所提供的健康瘦身法，只要你確實實踐了，你會知道，《茵茵的ㄦ字腰扭扭操》真的能讓你快樂的蛻變成體態輕盈、優雅、有自信，每一天都容光煥發的漂亮女生。

「ㄦ字腰扭扭操」解救了我的職業病

張君怡（國中老師‧36歲）

因為工作關係常常需要在黑板上振筆疾書，往往到了下午已經感覺手腳僵直。茵茵設計的「白天伸展運動」不但讓我坐著就能伸展雙臂，連帶的將腰間兩側也舒展開了！

肩頸不僵硬了，身體的柔軟度更好了！

張瑾瑋（國小老師‧30歲）

自從在粉絲頁跟著做茵茵的「睡前助眠運動」後，晚上不再帶著緊繃的身體上床睡覺，而且動作簡單又好記！現在多加了坐扭和踏併扭腰的動作後，除了肩頸不再那麼僵硬以外，身體的柔軟度也慢慢變好！以前我連地板都摸不到，現在已經能持續握住腳踝1分鐘了！希望我的線條能越來越美！

幾個簡單的動作，就能感受到效果，真的很棒！

Joanna Sung（上班族‧31歲）

我的工作需要久坐和長時間使用電腦，腰背及肩頸痠痛就成了家常便飯。一年多前開始接觸瑜伽和皮拉提斯，開始了解到核心肌群對健康的重要性。我發現當核心肌群一步步建立起來，身體便不再輕易感到疲勞。現代人工作繁忙，要規律並持續地前往健身房報到並不容易。茵茵了解這點，貼心的將運動時間劃分為「晨、午、晚、眠」，讓我能在平日揀零碎的時間訓練，透過幾個簡單的動作，身體便能感受到效果，真的很棒！

天啊！簡單的收操動作就能改善代謝問題？！

張靖惠（金融業‧45歲）

每天清早忙著照顧小孩出門後，一到辦公室就被密密麻麻、起起伏伏的數字環繞，精神壓力很大，身體常感到僵硬，代謝能力也變差了。這些問題累積很久了，讓我很苦惱，在臉書上看到茵茵的動作教學，讓我異常欣喜，原來簡單的動作就能有效改善我的問題，真希望分享給和我有相同困擾的朋友。

才兩週，核心部位變得緊實有力、尾椎痠痛也舒緩了！

許庭嘉（學生．24歲）

總以為我還年輕，不需要注意體態，在完全不忌口的情況下，加上課業忙碌，一直坐在電腦前打報告，肩頸越來越緊繃，小腹越來越凸出……多虧茵茵的「收操」教學，光是睡前花10分鐘執行，肩頸緊繃問題已逐漸緩和。因為看到成效，於是利用洗澡前的30分鐘做「ㄦ字腰扭扭操」，才執行兩週就感覺到核心部位變得緊實有力，長期因姿勢不良導致的尾椎痠痛也舒緩了。我現在正朝向維持做操習慣前進，希望不久體態會越來越美，身體越來越健康，變得跟茵茵一樣有自信。

「ㄦ字腰扭扭操」讓我有信心成為最美麗的新娘

閻蓉（美國學校助教．31歲）

長期以來從事教學的工作，常常要彎著腰和學生說話，時間久了腰椎開始產生不適感；今年10月我將穿上女孩們夢寐以求的白紗步入禮堂，很希望自己能在即將到來的婚禮上，展現出最好的體態。很幸運的，在本書未上市前，我就能提前試做「茵茵的ㄦ字腰扭扭操」，執行書中介紹的睡前伸展，我因職業造成的椎間不適改善了不少。現在我更期待，透過每天30分鐘的「ㄦ字腰扭扭操」，能幫助我進一步雕塑腰部曲線，在披上美麗白紗的那一天，做一個最有自信、美麗的新娘。

「晨、午、晚、眠」四個時段的運動，簡單又易學

Vivian Weng（護理師．40歲）

護理師的工作繁重且精神壓力大，每天下班回到家都感到全身痠痛，整個人虛脫得不想動。日子久了，體力明顯越來越差，基礎代謝率也越來越慢。茵茵針對忙碌的上班族而設計的「晨、午、晚、眠」四個時段的運動，簡單又易學，讓我的身體變健康，也能維持輕盈的體態。

Eurasian Publishing Group 圓神出版事業機構　如何出版社 Solutions Publishing

www.booklife.com.tw　　　　　　　　　reader@mail.eurasian.com.tw

Happy Body　155

茵茵的ㄇ字腰捏捏操──1次5分鐘，曲線、瘦身一次到位

作　　　者／康茵茵

發 行 人／簡志忠

出 版 者／如何出版社有限公司

地　　　址／台北市南京東路四段50號6樓之1

電　　　話／（02）2579-6600・2579-8800・2570-3939

傳　　　真／（02）2579-0338・2577-3220・2570-3636

總 編 輯／陳秋月

主　　　編／柳怡如

專案企畫／賴真真

責任編輯／張雅慧

校　　　對／張雅慧・蔡緯蓉・康茵茵

美術編輯／金益健

行銷企畫／吳幸芳・張鳳儀

印務統籌／劉鳳剛・高榮祥

監　　　印／高榮祥

排　　　版／杜易蓉

經 銷 商／叩應股份有限公司

郵撥帳號／18707239

法律顧問／圓神出版事業機構法律顧問　蕭雄淋律師

印　　　刷／龍岡數位文化股份有限公司

2016年6月　初版

定價410元　　　　ISBN 978-986-136-458-2

美麗是一生的堅持！

想讓人忍不住回眸，一整天都不能懈怠啊！

省時、不激烈，不會汗流浹背的ㄇ字腰扭扭操，

分成晨、午、晚、眠四個時間帶，

結合舞蹈的強化核心肌力動作，讓你一整天容光煥發，

長期持續既瘦身，還能練出傲人的ㄇ字腰、背、臀線。

——《茵茵的ㄇ字腰扭扭操》

◆ **很喜歡這本書，很想要分享**

圓神書活網線上提供團購優惠，
或洽讀者服務部 02-2579-6600。

◆ **美好生活的提案家，期待為您服務**

圓神書活網 www.Booklife.com.tw
非會員歡迎體驗優惠，會員獨享累計福利！

國家圖書館出版品預行編目資料

茵茵的ㄇ字腰扭扭操：1次5分鐘，曲線、瘦身一次到位／
康茵茵 作 .-- 初版 .-- 臺北市：如何，2016.06
　　192 面；17×21.3 公分 --（Happy Body ；155）
　　ISBN 978-986-136-458-2（平裝）

　1.塑身　2.減重　3.健身操

425.2　　　　　　　　　　　　　　　　105006051